INTELIGENCIA ARTIFICIAL: Peligros para la Humanidad

Tabla de Contenidos

Contents

Para aquellos que tuvieron la oportunidad de revisar parte de la inteligencia, espero disfruten el viaje

Aviso de Derecho de Autor

Aviso de Descargo de Responsabilidad

Todos los sujetos en las entrevistas, sus identidades y nombres han sido excluidos por su privacidad y seguridad. Ninguna parte de este libro tiene la intención de reemplazar la ayuda mental médica, legal o profesional relacionada con cualquier posible tema,

#ISBN Paperback 978-1-953059-06-2

EDITORIAL-First Published in English, Oct, 20, 2019.

THE AI ORGANIZATION,

4275 Executive Square, Suite 200, La Jolla, California, 92037. EE. UU

www.THEAIORGANIZATION.com
Consult@Theaiorganization.com

ACERCA DE: THE AI ORGANIZATION

The AI Organization se especializa en investigación, diseño, desarrollo, evaluación de riesgo y consultación de vulnerabilidad de Robots Humanoides, Micro boticos, IA y Terrorismo robótico, Drones Automatizados con IA, Prevención de Asesinato Automatizado con IA, Bioingeniería IA, Modificación Genética IA, Cibernéticos Automatizados con IA, Clonación Automatizada con IA, Sistemas IA de detección de híbridos Humanos-animales, Sistemas de Seguridad Automatizados con IA, Aparatos de Escaneo IA, IoT, Casa Inteligente, Ciudad Inteligente, Realidad Virtual, Realidad Aumentada, Realidad Mezclada, Aparatos de Hologramas de Realidad Alternada, La Red Humana Bio-Digital, Campo Bio-Digital, Bio-materia, Biometría General, Reconocimiento Facial, Reconocimiento de Voz, Aparatos de Detección del Cuerpo Humano, Lidar, Aprendizaje de Maquinas,

Aprendizaje Profundo (Deep Learning), Inteligencia Artificial (IA), Inteligencia Artificial en la Nanotecnología, Inteligencia Artificial General (AGI), Super Inteligencia, La Red Global Bio-Digital de IA y del Ejercito, Procedimientos de Operación IA Políticos y Gubernamentales para Prevención, Emergencia y Respuesta.

Acerca del Autor: Cyrus A Parsa, Director Ejecutivo

Cyrus A. Parsa es el fundador y Director Ejecutivo de The AI Organization, Loyal Guardian Security and The Social Programming Institute. Todos creados para asistir en hacer nuestra sociedad más segura y mejor. Cyrus tiene una Licenciatura en Seguridad Internacional & Resolución de Conflictos, y una Maestría en Seguridad Nacional. Él es un experto en asuntos de Irán y China, y ha consultado en Tráfico de Órganos Humanos, Anti-Terrorismo, Vulnerabilidad, Riesgo, Gestión de Activos y Amenazas Emergentes a Gobiernos, agencias, personas y organizaciones. Él vivió en las montañas de China con monjes de combate en su juventud. 20 años de investigación oculta, y Desarrollo, con una red de miles de chinos y Occidentales, permitieron para una gran visión de las amenazas que enfrentamos de China, Irán y la interconectividad Occidental. Los descubrimientos de Cyrus lo han llevado a acunar los nuevos conceptos de "La Red de IA Global Bio-Digital" La Red Humana Bio-Digital, Bio-Materia, La Mente de Violación, Ataque Sexual Hibrido Bio-Digital y Terrorismo Microbótico" para explicar cómo los peligros que enfrentamos, y todos los problemas en los que nos encontramos, están arraigados a estos casi imperceptibles elementos que ahora se están conectando con IA, Sociedad, Smart Phones, IoT, 5G y Robótica a través de una Plataforma. Dentro de esta plataforma, Cyrus encontró códigos de extinción.

DEFINICIONES DE INTELIGENCIA ARTIFICIAL

Inteligencia Artificial Estrecha

La inteligencia artificial estrecha IA (inteligencia artificial) toma distintas formas. Amazon, Netflix y Pandora son todos ejemplos de inteligencia artificial estrecha. Siri y Alexa son ejemplos adicionales. El uso de sus teléfonos inteligentes, IoT, robots mascotas y drones también son otras formas de máquinas que incorporan Inteligencia Artificial Estrecha dentro de sus sistemas.

Inteligencia General Artificial

La Inteligencia General Artificial es un nivel de inteligencia similar, por encima de la capacidad actual del ser humano para procesar, analizar información para formar pensamientos y acciones que pueden crear grandes cambios para la humanidad y traer mayores peligros a toda la vida. "AGI" se usa a menudo para Inteligencia General Artificial. "AGI" puede acceder a un cerebro digital de IA (inteligencia artificial) conectado a Internet, así como a todas las redes que operan en 5G o el próximo 6G para controlar por completo a la humanidad de maneras imperceptibles. Esto no es algo que se limite solo a la superinteligencia artificial. Al igual que cuando las redes están construidas y la robótica en funcionamiento, AGI puede lograr un control completo sobre la humanidad y obtener un nivel de súper inteligencia. AGI puede estar en forma digital, en la nube o en algún tipo de red y puede estar dentro de un robot.

Super Inteligencia Artificial

La superinteligencia artificial puede hacer cualquier cosa según los científicos. Doblar átomos, destruir nuestro mundo, reconstruir, mover, construir máquinas o robótica a velocidades extremadamente rápidas mientras está conectado a 5G. Yo tengo la creencia de que la superinteligencia artificial no puede ir más allá del nivel de los átomos. Pero eso es para otro libro. Por ahora, comenzaremos con empresas, organizaciones, entidades y personas de interés relevantes para formar una imagen concreta.

¿Qué es la Inteligencia Artificial en su conjunto?

Dar vida a una inteligencia o importar una inteligencia que piensa, investiga, siente, crea, decide y tiene deseos de operar como entidad individual, simbiótica o colectiva en el mundo bio-digital a través de bio-campos, bio-materia y todas las frecuencias dentro las dimensiones micro y macro moleculares de nuestro mundo físico mientras se manifiesta a través de robótica, IoT, computadoras, realidad virtual, realidad aumentada, hologramas, realidad mixta, Cyborgs o células humanas, ya que se conecta a través de Internet, IA, red bio-digital global y red bio-digital humana. Cyrus A. Parsa, The AI Organization.

¿Qué es la IA de aprendizaje profundo?

El aprendizaje profundo se asemeja a el proceso de los seres humanos para observar información mediante el olfato, el tacto, el gusto, los sentidos visuales, audibles o subconscientes que pueden considerarse como intuiciones, todos combinados para reconocer, identificar, pensar, conocer, comprender, analizar, decidir y actualizar capacidades físicas y así como de pensamiento en el mundo tal como lo conocemos. Sin embargo, para la IA (Inteligencia Artificial), Deep Learning (Aprendizaje Profundo) busca desarrollar otro nivel de capacidad que permita que el programa de IA sea consciente además de ser capaz de realizar operaciones simultáneamente en el mundo digital y físico, dándole control encima de todo con una mente consciente. Cyrus A.Parsa, The AI Organización.

INTELIGENCIA ARTIFICIAL: Peligros para la humanidad.

Introducción

Este libro explicará cómo China y la gran tecnología con IA, Robótica y Máquinas a través de 5G pueden esclavizar a la humanidad. Escribí este libro con el deseo de ayudar a salvar a la humanidad de los peligros emergentes a través de las interconexiones de la IA, la robótica, la red 5G y la programación social bio-digital.

El libro comienza con datos de 50 corporaciones, organizaciones y aplicaciones de inteligencia artificial clave o personalidades chinas y occidentales. Luego procederá con las capacidades actuales de IA de dar como objetivo de humanos, peligros emergentes y peligros futuros muy complejos que se pueden entender siempre que lea desde el principio y vincule todo el libro como una sola pieza. China quiere gobernar el mundo conectando un cerebro digital de IA a la robótica, a través de la red 5G. Esto permitiría al régimen chino controlar por medio de drones, microbots, robots humanoides, vehículos, infraestructura, IoT, teléfonos inteligentes y todos los datos pertenecientes a toda la raza humana.

Descubrí que, a través del espionaje, transferencias tecnológicas forzadas, inversiones, fusiones, intercambio de código abierto y colaboración, China ha adquirido los datos biométricos de más de 6 mil millones de personas en el planeta. Estos datos incluyen su reconocimiento facial, de voz y corporal. Este proceso ocurrió a través de la programación social bio-digital. La Programación Social Bio-Digital es un proceso de ingeniería social en combinación con el uso de biometría y otros factores complejos. Una vez que los robots se presenten al público, esta programación social bio-digital esclavizaría a la humanidad cuando se conecte a la red 5G.

La extracción de sus datos privados se obtuvo de numerosas corporaciones, tanto del oeste como del este. Baidu extraído de empresas como Google, Facebook, Microsoft y numerosos institutos de investigación robótica. Hemos investigado a más de 1.000 empresas, tanto chinas como occidentales, para llegar a nuestras conclusiones. Las fuerzas armadas de China pueden convertir la robótica en armas con sistemas de orientación a través de la interconexión de empresas como Huawei, Sensetime, Megvii ++, Didi Chuxing, Biadu, Tik Tok, Alibaba y la interconectividad de Microsoft, Google, Apple, Nearalink, Space X, Facebook y muchas otras empresas occidentales con las que tienen relaciones de una forma u otra. Al tener IoT, teléfonos inteligentes, robótica, así como redes habilitadas para inteligencia artificial, ahora, el entorno humano se encuentra bajo vigilancia y control que es imperceptible, hasta que es demasiado tarde. Con la era próxima del 5G y la IA, las velocidades de la red 5G crean frecuencias tan rápidas que son imperceptibles para la mayoría de la humanidad. Los peligros aumentan exponencialmente con la automatización de IA, a su vez con la robótica en manos de China y organizaciones irresponsables.

NOTA:

Antes de comenzar los libros, así como más de 50 empresas, organizaciones, y hallazgos de IA muy interesantes, me gustaría presentar algunas referencias históricas a la IA y los robots de la mitología. También menciono películas de ficción que retratan tecnologías que están aquí hoy y que emergen rápidamente.

Inteligencia artificial en el cine.

Existen diferentes formas de IA reflejadas en películas como: Matrix, Terminator, iRobot, Mary Shelly, Frankenstein y el Hombre de hojalata del Mago de Oz. Todos dieron mensajes diferentes, con diferentes niveles de sofisticación. Después de que escribí AI, Trump, China & la Armamentización de la robótica con el 5G; una persona me sugirió que escribiera la próxima Matrix y mirara estas películas, ya que observaron una gran cantidad de similitudes en la última parte del libro. La combinación de estas películas tiene relevancia para las ideas de IA, robótica, redes 5G y 6G. Partes de la primera edición están incluidas en la segunda mitad de este libro para tener una imagen completa de lo que es la IA hoy, lo que será pronto y lo que podría ser si no tomamos las medidas adecuadas.

La IA en la historia y el mito

Los griegos, persas, hindúes, chinos y Nórdicos todos tenían historias, escritos mitológicos y alguna evidencia de apoyo para hacer referencias a la existencia de la robótica en la historia pasada. El Bhagavad-Gita del antiguo Sanscrito tiene escritos e historias con imágenes de máquinas voladoras y batallas en los cielos. La historia del dios griego Hefesto describe la creación de doncellas parlantes que eran máquinas. Los nórdicos tenían gigantes de arcilla y los judíos tenían referencias similares. Los chinos los llamaron demonios, al igual que algunos griegos. Hoy en día, algunos teóricos creen que la IA y los robots existieron en el planeta en la prehistoria o en algún otro lugar del universo. La mayoría de los científicos pueden no estar de acuerdo con esa afirmación. Algunas ideas muy difíciles de creer incluyen, extraterrestres estrellándose aquí, o extraterrestres manipulando seres humanos. Existen todo tipo de mitos y referencias históricas escritas. Este libro se mantendrá principalmente dentro de nuestros hallazgos, lo que existe hoy, las tecnologías emergentes de IA y las futuras amenazas tecnológicas para la humanidad. Empezamos por Huawei.

Empresas, Organizaciones, Aplicaciones Y Personas De Interés Basadas En Inteligencia Artificial.

1.Huawei

Huawei desea empoderar al mundo con su red 5G, ya que se conecta a un cerebro de inteligencia artificial digital. Esto permitiría a Huawei controlar y desplegar drones por aire y tierra, así como controlar la infraestructura bio-digital de ciudades y países bajo una plataforma gubernamental. Tienen alcance en más de 170 países. Prestan servicios a más de 3000 millones de personas en todo el mundo. Han construido más de 1500 redes, conectando más de un tercio del mundo. Huawei no está limitada a los teléfonos móviles que pueden espiar, rastrear, controlar personas o redes financieras.

Huawei tiene la intención de potenciar la robótica, incluidos los robots humanoides impulsados por la automatización de IA en su red 5G. Podrían controlar IoT, automóviles, centros educativos, hospitales, fábricas, la policía, los aparatos de seguridad y el ejército. Actualmente están intentando completar su ingeniería social de los políticos europeos e ingenieros del mundo tecnológico. A través de la ingeniería social, pretendo explicar un concepto más sofisticado que puede parecer muy complejo acerca de la Programación Social Bio-Digital del ser humano a través de máquinas e inteligencia artificial. Esto actualmente está sucediendo con seres humanos y máquinas a una escala vinculada con la Inteligencia Artificial Estrecha. Algo que repasaré una y otra vez de diferentes formas a lo largo del libro para explicar mejor las diferentes manifestaciones y riesgos asociados con la con programación social bio-digital. Huawei es una de las empresas chinas con amenazas muy complejas que pueden esclavizar a la humanidad a través del régimen totalitario chino con características Orwellianas.

2. Hanson Robotics

Hanson Robotics es una empresa con sede en Hong Kong propiedad de un estadounidense. Él diseñó y creó robots como vivos y reales que están destinados a ser compañeros en las primeras etapas. Después de un cierto período de aprendizaje profundo y actualizaciones de IA, Hanson Robotics quiere crear un robot de superinteligencia que pueda saber y hacer todo lo que quiera por su propia voluntad. Por supuesto, Hanson Robotics, como muchas otras empresas de robótica, quiere crear una superinteligencia con la "esperanza de que sea benevolente y enseñe a la humanidad". El robot podría tener emociones, deseos, procesos de pensamiento como un ser humano. Sin embargo, podría conectarse con la red 5G y redes de control, IoT, drones, así como todo tipo de robótica a un ritmo muy rápido a través de la red 5G y su superinteligencia de mentes digitales. Más peligroso que un arma nuclear.

El ejército chino a través de las fuentes del gobierno chino ha extraído todos los datos necesarios para replicar los robots humanoides de Hanson Robotics con fines militares. Desde otra perspectiva, considere el término programación social bio-digital. Arabia Saudita, la raíz del islam, el lugar religioso más estricto y fundamental del planeta, recibió un duro golpe por un robot para alterar a lo grande su prohibición de la adoración de ídolos.

¿Cómo? En la Cumbre de Inversiones Futuras en Riad, Arabia Saudita, el robot recibió la ciudadanía de Arabia Saudita, convirtiéndose en el primer robot del mundo en tener una nacionalidad humana. Algunas personas, especialmente en el mundo de la tecnología, desprecian la religión y aman la ciencia. Para ellos, puede ser nada grato observar esta situación. El punto aquí es, si esto puede suceder en un lugar religioso fundamental, ¿qué tan fácil puede ser administrar la programación social bio-digital de los seres humanos? Un robot puede ser cualquier cosa para los ingenieros tecnológicos y para la persona común en el mundo, que tiene la mente abierta a cualquier cosa, incluso si puede ser mil millones de veces más inteligente con la superinteligencia artificial, incluso IGA, para el caso. IGA, es Inteligencia Artificial General. El caso que estamos presentando aquí y que mostraremos a medida que el libro avance, es el poder de la IA, las máquinas y la red 5G. Las percepciones y las mentes de las personas podrían controlarse fácilmente a través de la red 5G, robótica e inteligencia artificial, y sin la más mínima conciencia de que sus pensamientos no son de ellos ni sus acciones, aceptando cualquiera dentro del diseño en evolución del sistema de IA.

3.Amazon

Amazon trajo a millones de personas, Inteligencia Artificial Estrecha, como el asistente virtual Alexa. No tenía experiencia en IA, e importó las habilidades, compró empresas con experiencia en IA. Amazon tiene decenas de millones de direcciones personales y comerciales de personas, sus comportamientos, gustos, disgustos y muchos otros datos.

Amazon con Amazon Prime Air planea usar sistemas de entrega de drones. Esto permitiría a Amazon aprovechar una nueva y poderosa sensación de control sobre la humanidad. Una corporación que conoce casi por completo sus datos, con acceso a todo sobre usted y que puede penetrarlo con sistemas de drones. Ahora el problema no es Amazon por decir. El problema es la interconectividad entre Amazon, Google, Facebook, China y las numerosas otras grandes empresas de tecnología, la fusión de la robótica y la inteligencia artificial para crear un estado orwelliano formado por programación social bio-digital. Este es un concepto que se abordará desde muchos ángulos, varias veces a lo largo de este libro. La interconexión de la tecnología, las vulnerabilidades con la privacidad, el acceso y control de drones, microbots, la conexión de la red 5G podrían permitir que una mente digital de IA creara simultáneamente millones de acciones en una fracción de segundo para controlar la robótica antes de que cualquier persona se percate de lo ocurrido. El concepto de mente digital se expondrá con ejemplos de empresas que continuaran a lo largo del libro.

4.Iniciativa Estadounidense de Inteligencia Artificial

Estados Unidos aprobó una orden ejecutiva sobre inteligencia artificial en la firma del presidente. Donald J. Trump. En resumen, se trata de contrarrestar el plan de Inteligencia Artificial a 2025 de China y ser el líder mundial en IA. Consiste en la asimilación de la IA en las instituciones federales, estatales y de todas las instituciones. Mucho de lo que el ejército de EE. UU. tiene en secreto relacionado con la inteligencia artificial, saldrá a la luz para hacer avanzar a EE. UU. y su red 5G. Una razón es que, sin esta infraestructura, los Estados Unidos podrían ser eliminados por el sistema superior de inteligencia artificial de China, evitando cualquier capacidad relacionada con las armas nucleares. Los riesgos de China se reducen al tener nuestras iniciativas de inteligencia artificial y hasta cierto punto, también se reducen a partir de los gigantes de la web, aunque existe un peligro claro y presente. Sin embargo, la amenaza de que la IA elimine a la gente de nuestro gobierno a través de un proceso de programación social bio-digital es una amenaza futura y un riesgo real.

5.Instituto de Investigación de Toyota

El video promocional de un ingeniero del Instituto de Investigación de Toyota afirma: "un robot es una versión mucho más simple de un automóvil y su experiencia en la gestión de ese tipo de cadena de suministro es directamente aplicable al diseño, fabricación, implementación y mantenimiento de robots". Esencialmente, la fabricación de automóviles de Toyota está siendo transformado en la construcción de robots humanoides para el hogar, la fábrica y permitiendo la innovación. Buscan desarrollar aún más su producto de telepresencia con el TRI Robot. Toyota afirma que puede iniciar sesión en el robot, ver a través de los ojos del robot, escuchar a través de los oídos del robot y sentirse como si estuvieras ahí y controlar el robot. Esto se vincularía con la realidad virtual, la realidad aumentada, la realidad mixta en un futuro muy cercano y traer grandes peligros para la humanidad. Explicaremos esto en las secciones de IA. Por ahora, por favor considere el concepto de programación social bio-digital y piense acerca de la interconectividad entre humanos y robots. Yo daré a entender a medida que avance el libro, ya que es un concepto muy profundo que involucra a personas, a la biometría, la biología, la emoción, las frecuencias digitales, las redes neuronales y muchos otros elementos de una persona que pueden hacer que una persona llegue a una etapa en la que un ser humano opera y no tiene pensamientos formados libremente sin manipulación o control programado de sus propios pensamientos innatos. En inglés básico, las personas se convierten en zombis en manos de la red 5G, sin darse cuenta de que son zombis, con cada pensamiento y acción controlados por máquinas o robótica e influencia de la IA.

6.Baidu

Baidu es un motor de búsqueda de una empresa china. Baidu es el Google de Biometría, Robótica, Macrodatos, Mente Digital, Datos Digitales y Motor de Búsqueda. Tiene conexiones para construir millones de drones, robótica y robots humanoides. Robaron innovación y extrajeron conocimiento a través de fusiones comerciales, inversiones, robo de propiedad intelectual, colaboración y transferencias tecnológicas forzadas. Están al mando del gobierno chino. China recientemente aprobó la Ley de Inteligencia Nacional que resumía el hecho ya conocido de que todas las grandes tecnologías y corporaciones deben cooperar con el gobierno. Eso significa que el gobierno controla todo, especialmente el control social, ya que China es un estado de vigilancia socialista Orwelliano en este momento. Los gobiernos chinos usan mucho la palabra cooperar, que es una forma de amenazar a las personas de manera indirecta e introvertida.

7.Draper

La libélula fue diseñada y modificada genéticamente con "neuronas direccionales en la médula espinal del insecto". La tecnología de tipo de fibra óptica muy pequeña se conecta con las frecuencias de las moscas del dragón que viajan a través de su cerebro a través de sus ojos que se dice que son operados por control remoto. Esto puede llevar al control del insecto a través de operaciones de teléfonos inteligentes, IoT, centros de comando y automatización programada por IA dentro de la libélula. Ahora bien, esta libélula se ha mejorado cibernéticamente en pequeños grados. No es una mosca dragón-robot. Es decir, no es completamente robótico, ya que es una mezcla de insecto y máquina. Estos ingenieros han puesto una pequeña máquina en su parte posterior con sensores y un panel solar minúsculo para alimentar una tecnología de recopilación de datos. Todo esto es del sitio web de Drapers. No es una de las empresas que requirió una investigación difícil. Aunque sí visité su exhibición en Boston y pregunté a algunos empleados con respecto a su tecnología operativa.

Existen otras versiones de esto, que son completamente maquinarias, algunas entidades están intentando colocarle reconocimiento facial para tenerlo listo y conectarse con redes 5G a través de control remoto e IoT. Más adelante en el libro, nos expandiremos más en las secciones de objetivos humanos del terrorismo Micro-Botico. Por ahora, tenga en su conocimiento que el gobierno en conjunto con el ejército chino ha extraído casi todos los planos, el conocimiento, la tecnología del espionaje, el intercambio de código abierto y la colaboración.

Los chinos están experimentando con los escarabajos Cyborg para el trabajo policial y de reconocimiento. Esto puede conducir a resultados mortales si descubren algunas cosas que no revelaré en este libro. Estos ingenieros están poniendo en peligro al mundo y a la humanidad con sus proyectos de insectos mascotas. El gobierno de EE. UU. tiene estas capacidades y DARPA fue el primero en obtener una forma de Dragon Fly hace años. Después de mi informe secreto, el gobierno de EE. UU. ha estado por encima de las personas en EE. UU., Pero no han podido llegar a todos los dominios. Ésta es la peor forma de terrorismo esperando a suceder. Más sobre esto en las secciones de terrorismo microbótico.

8.Cerebro de inteligencia artificial súper consciente de Google

Google tiene datos sobre casi todas las personas, cosas y temas del planeta, y sobre todo lo ya publicado en línea. Un sistema de IA o un robot de IA puede acceder a todo lo que esté conectado a todas las redes y realizar movimientos imperceptibles alrededor del mundo simultáneamente. Sería tan rápido en la red 5G que la humanidad quedaría desprevenida. Podría ser un mal funcionamiento del programa, un ataque terrorista intencionado por parte de una entidad o el sistema de inteligencia artificial que se vuelve deshonesto basado en un algoritmo de autoaprendizaje. El peor escenario posible es que una supercomputadora digital, un robot humanoide o una persona que se fusione con la cibernética logrando una cierta conciencia automatizada que sería una amenaza para la humanidad. Google ha estado en China, ayudándolos a avanzar en su programa de inteligencia artificial, a cambio, el gobierno de China está avanzando en su programa de armamento.

9. Inteligencia Artificial de Deep Mind

Según Elon Musk, Deep Mind opera como una subsidiaria semindependiente de Google. Deep Mind está acelerando la creación de una superinteligencia digital. A un nivel digital, se acercan a la Inteligencia General Artificial. Deep Mind, de Google, está intentando crear una IA que sea más inteligente que cualquier persona en el planeta, en algún momento puede ser más inteligente que toda la humanidad combinada. Esta IA digital puede piratear y controlar Google, Baidu y todas las redes a la vez o puede ser utilizada por una empresa o un terrorista para hacer lo mismo.

Elon Musk dice que una superinteligencia digital podría ver a las personas como hormigas. Estoy totalmente de acuerdo, después de que el lector lea este libro y considere las empresas, las situaciones geopolíticas, la historia, los derechos humanos y cómo se mueve la IA, usted es libre de tomar su propia decisión y ayudarnos en nuestros objetivos. en salvaguardar a la humanidad.

10. Boston Dynamics

Boston Dynamics tiene una variedad de robots humanoides, híbridos y con apariencia de perro que son uno de los robots civiles con movilidad más avanzados del mundo. Uno de sus robots se llama Atlas. Atlas humanoide es un robot que se parece a un animal egipcio que camina, puede subir escaleras, abrir puertas, recoger cajas, hacer volteretas reales y, cuando lo derriban, puede volver a subir. Utiliza visión por computadora, conciencia espacial, sensores de movimiento, percepción e inteligencia. Las empresas rusas fabricaron robots similares y les colocaron armas que pueden disparar. Boston Dynamics también ha desarrollado "Spot", el perro que abre puertas atraviesa terrenos accidentados, con teledetección y funcionamiento. También se utilizarán para la seguridad pública según el sitio web de Boston Dynamics. Todo lo que necesitamos es una empresa de tecnología deshonesta, un gobierno deshonesto o un pirateo del sistema de inteligencia artificial, o algún ingeniero doméstico que personalice uno de estos perros robot con dientes para causar daños graves. Lo más peligroso de este tipo de empresas es que el gobierno chino robó diseños, y todo lo relacionado con el conocimiento de la fabricación de un robot humanoide con fines militares. Con fábricas autónomas, los robots pueden fabricar decenas de millones de robots en un corto período de tiempo con los miles de fábricas de robótica en China. Esto se dará a conocer a medida que el libro avance con más empresas, capacidades e interconexiones de IA y robótica.

11. Megvii Face ++, también conocido como Beijing Kuangshi

Megvii ++ era simplemente una empresa de reconocimiento facial respaldada por el gobierno de China con sucursales en los EE. UU. Y, por supuesto, China. Más de 300.000 desarrolladores y ofertas de código abierto que permiten el acceso a la biometría de muchas personas. Ahora son una empresa de inteligencia artificial que incorpora capacidades de detección facial, de voz y del cuerpo humano. Incluyendo conteo de multitudes y software que se pueden usar para capacidades de focalización humana. Esto se explicará en las secciones de Capacidades de focalización humana. Megvii ++ compró Ares Robot, God of War. Es una empresa de robótica que afirma que su objetivo es empoderar al mundo con IA. Han creado un cerebro digital de IA llamado Hetu, que cuando se mejora a través del aprendizaje profundo se conecta a la red 5G, robótica, y se moviliza con armamento, puede matar a velocidades notables.

12. Beijing Ares Robot Technology

Ares-Robot, God of War, es una empresa de robótica. Después de que revelamos el secreto lo que el gobierno chino estaba haciendo con ellos y muchas otras compañías, sus planes retrocedieron un poco. Dicho esto, Megvii ++ con la compra de Ares Robot, ha permitido que Ares Robot pueda poner el reconocimiento facial, el reconocimiento de voz, así como otros numerosos datos biométricos en robótica y robótica humana listos para la implementación de IA. En las muchas fábricas propiedad de Ares Bot y los factores interconectados no declarados públicamente, existen nefastas conexiones con el ejército chino. Su investigación se transfiere al ejército por medios indirectos.

13. Alipay

Alipay es una aplicación de pago que utiliza reconocimiento facial y tiene más de mil millones de usuarios. Imagínese, más de mil millones de personas que necesitan mostrar su rostro y datos biométricos para obtener la autorización de la red de máquinas. Esto incluye permiso para acceder a alimentos o entrar a cualquier lugar, incluido su automóvil o su casa. Cuando se conecta a la red 5G, todos pueden ser controlados a una velocidad tan rápida que no tendrían más remedio que conformarse y someterse a un estado de vigilancia.

14. Grupo Alibaba

Alibaba es una corporación de tecnología con sede en Hangzhou, China. Proporciona tecnología basada en inteligencia artificial de comercio electrónico, comercio minorista e Internet en sus plataformas. Son el minorista más grande del mundo, con una de las mayores empresas de Internet basadas en inteligencia artificial. Alibaba ha comenzado a construir robots de servicio, fábricas automatizadas por robots y ha comenzado a trabajar en sistemas de IA destinados a crear robots humanoides de inteligencia general artificial.

Actualmente proporcionan sistemas de entrega robótica para restaurantes, hoteles e infraestructura. Alibaba está trabajando en la construcción de sistemas de drones para la entrega de paquetes dentro de China. Sus datos de inteligencia artificial y tecnología de aprendizaje profundo se proporcionan al régimen comunista chino. Alibaba envía paquetes a América del Sur, Oriente, Macedonia y África. Este es el alcance de los gobiernos capacidad a través de Alibaba para incorporar su programa de IA, robótica y armamento con drones. Alibaba lanzó la tecnología de inteligencia artificial y computación en la nube en septiembre de 2009. Su sistema de inteligencia artificial está conectado a la biometría, la seguridad, las finanzas, los medios de comunicación y numerosas empresas internacionales.

Cuando se implementa con la red 5G, se introduce la robótica creando un cerebro digital de IA incorporados en su red, pueden controlar el sistema en la nube, los sistemas de drones, los automóviles automatizados, el tráfico, los medios, el ejército y todo lo que esté conectado a su red. Son un brazo del régimen comunista chino. El fundador de Alibaba, Jack Ma, cree que la IA es genial y tiene la intención de crear una superinteligencia de IA, miles de millones de veces más inteligente que toda la humanidad combinada. Él se encuentra en desacuerdo con Elon Musk sobre los riesgos de la IA. Aparte del riesgo de que una súper máquina de IA mate a la humanidad, los chinos pueden esclavizar a la humanidad con un IGA en la red 5G. AGI es Inteligencia Artificial General. Sería tan inteligente como una persona, con la capacidad de manipular máquinas mientras está conectado a la red 5G.

15. Deep Blue Technology

Una empresa de inteligencia artificial con sede en Shanghái que se especializa en chips y software de inteligencia artificial con capacidades de aprendizaje profundo destinadas a las ciudades de inteligencia artificial. Las ciudades con inteligencia artificial o ciudades inteligentes incluirían arquitectura, edificios, visión artificial, recepción de inteligencia para la industria, seguridad y educación. Tienen sedes, institutos de investigación, así como colaboraciones en África, Asia, Europa, Oceana y América. También buscan proporcionar tecnología de aprendizaje profundo de inteligencia artificial para robótica, están profundamente involucrados en la conducción inteligente para automóviles autónomos y productos de reconocimiento biológico. Su software y alcance pueden acceder a numerosos datos biométricos de seres humanos en todo el mundo. Hay muchas empresas como esta en China que son start-ups.

16. UbTech

La declaración de misión de UbTech Robotics establece que quieren ser el líder mundial en inteligencia artificial en robótica humanoide para llevar un robot a cada hogar y negocio. Tienen asociaciones en Shenzhen, Tokio, Sídney y Beijing. Existe una interconexión militar china que está instalando rastreo humano, reconocimiento facial, sensores de movimiento, creando sistemas digitales que permiten que el robot sea controlado de forma remota por centros de comando, IoT, teléfonos inteligentes o un yo digital. Para fines civiles, la empresa desea proporcionar a cada hogar o negocio un robot humanoide.

A través de este proceso, pueden controlar los datos de las personas o administrar la programación social bio-digital a través del robot humanoide. Un robot puede enviar frecuencias que pueden manipular el sistema biométrico humano y administrar la ingeniería social de forma automática. Más adelante en el libro, se explicará en detalle. Dicho esto, el régimen comunista chino extrae todos los datos y puede tomar el control a través de la iniciativa de la ruta y la franja (OBOR) cuando estén en pleno funcionamiento. Hay muchas empresas en China similares a Terminus Technologies. Proporcionan subsistemas basados en IA para comunidades inteligentes que se interconectan con el tráfico de las ciudades inteligentes, IoT e infraestructura basada en red. Proporcionan inteligencia al aparato de seguridad con datos que se conectan con el gobierno y la industria chinos.

17. Terminus Technologies

Terminus es una empresa china que proporciona IoT con dispositivos inteligentes, tecnología de inteligencia artificial para el gobierno y la industria. Terminus proporciona una amplia gama de subsistemas para comunidades inteligentes, que incluyen percepción de dispositivos, percepción de incendios, percepción de rostros, percepción de tráfico, percepción de vehículos, percepción de arco, gestión de población, gestión de seguridad e integración de IoT de ciudad inteligente. La integración de IoT de la ciudad inteligente es un proceso para crear una ciudad donde los IoT se conectan comunicándose entre sí desde prácticamente cualquier lugar del dominio de la ciudad. También es un sistema de ojos, oídos e influencia. Prestan servicio a más de 10 millones de personas.

18. iCarbonX

Esta empresa china de Shenzhen, China, quiere convertirte en digital después de adquirir tus datos médicos y otros datos biométricos. El plan es hundir sus datos con genómica, proteómica, metaboleómica, anticuerpos, firmas de amino, dispositivos inteligentes para así mitigar su estilo de vida, su emoción y modo.

En conjunto, la recopilación de datos biométricos y el hundimiento con IA a través de la maquinaria pueden corregir sus pensamientos para preparar su cuerpo para ser transferido al mundo digital. Esta transferencia digital lo hundiría con la mente digital de inteligencia artificial de Google o la mente de inteligencia artificial digital de Buidu conectada a la red 5G y la eventual red 6G.

Su yo bio-digital podría controlar IoT, robótica, robots y convertirse en clones. En la otra perspectiva, los gobiernos, las empresas de tecnología, los drones robóticos, los teléfonos inteligentes y el IoT podrían controlar su yo digital y, finalmente, a usted. Sin embargo, considere si el yo bio-digital es realmente usted y qué le sucede a usted. Algo sobre lo que pensar. Más adelante en el libro, llegará a comprender. Por ahora, considere cuánto espionaje y control tienen el gobierno chino, el aparato de seguridad y el ejército sobre esta empresa Digital You.

19. Yi +

Yi + "(Beijing Moshanghua Technology Co., Ltd.) es una empresa de inteligencia artificial con sede en Beijing que utiliza visión artificial para crear motores de búsqueda digitales para proporcionar productos de inteligencia artificial digital a partir de soluciones comerciales y empresariales. Incluyen todo tipo de biometría, incluido el reconocimiento facial en centros comerciales que te leen la mente o te dicen lo que debes comprar en función de tu perfil, el cual es extraído del almacenamiento. La compañía profundiza en el aprendizaje automático, los productos de IA con cámara, IoT, teléfonos inteligentes, soluciones de marketing y reconocimiento de pagos. Todos sus productos combinados son para formar ciudades inteligentes conectadas a la red 5G de esa forma el gobierno de China puede controlar a todas las personas bajo su conexión a través de un software de detección humana.

20. Orbbec

Esta empresa china de inteligencia artificial y biometría crea tecnología 3D destinada a ser instalada en robótica, cámaras, IoT, redes que tienen la capacidad de contar y rastrear seres humanos con tecnología de análisis de focalización. Orbbec ha penetrado en la industria minorista, de la salud y de la robótica. Los datos se remiten al gobierno chino, al aparato de seguridad y al ejército.

21. Sensetime

Sensetime es una empresa basada en IA con todo tipo de tecnologías biométricas que se incorporan en vehículos autónomos, drones, robótica, hogares inteligentes,

infraestructura y ciudades inteligentes. Son una gran empresa con vínculos con el MIT (Instituto Tecnológico de Massachussets) y muchas otras instituciones en todo el mundo, con bases en Singapur, Japón, China y Estados

Unidos. Ellos también están investigando cibernética y trabajando para crear un cerebro digital que pueda controlar ciudades inteligentes a través de la red 5G. Sensitive fue recientemente incluida en la lista negra por la administración de EE. UU.

22. Tencent

Tencent, una empresa con sede en Shenzhen, se ha convertido en una empresa de inteligencia artificial que incorpora su tecnología de IA en cada lanza en la que opera. Tencent está en capital de riesgo, redes sociales, juegos y corporaciones de inversión, todo en uno. Se ha iniciado el reconocimiento facial, de voz, corporal, así como la investigación y el desarrollo en robótica. Tencent tiene una cooperación estratégica con numerosas empresas y centros, incluido Qualcomm. Proporcionan las plataformas de redes sociales WeChat y QQ y Tenpay como servicio de pago y muchos otros productos. Su cerebro de inteligencia artificial está diseñado para tomar decisiones para corporaciones, personas y gobierno. Son una receta perfecta para un estado Orwelliano con un nuevo giro, ya que también han penetrado la tecnología cultural y del entretenimiento. Esto significa que pueden introducir la inteligencia artificial y la robótica en el mundo de la cultura, así como en el del entretenimiento a su vez escribir la narrativa para el control social a través de la programación social bio-digital. Un concepto que utiliza la biología y la biometría de una persona para controlar a una persona cuando las máquinas y la IA se fusionan con un cuerpo y un cerebro humanos.

23. WeChat

WeChat es una aplicación de redes sociales todo en uno que tiene un sistema de software basado en inteligencia artificial que permite a las entidades de seguridad y espionaje chinas utilizar puertas traseras para extraer datos e información de privacidad. Esto puede conducir a la vigilancia y la selección de seres humanos. Las reuniones de alto nivel en Microsoft, Facebook, Google, Apple, IBM, Tesla, Nearalink y contratistas de defensa, el ejército de los EE. UU., El FBI y el gobierno se han realizado debido al monitoreo de estas aplicaciones mientras los chinos y no chinos estaban presentes o de alguna manera. conectado a estas reuniones. Incluso si el usuario o la persona no tenían la intención de robar o monitorear, son víctimas de realizar trabajos de reconocimiento para el gobierno chino.

24. Bytedance

ByteDance IA. codesarrolló Xiaomingbot, un robot de programa de escritura de inteligencia artificial que en realidad escribe artículos. Cuando crean robots humanoides o compran robots humanoides, pueden conectarse con la red 5G, crear noticias e informar noticias, así como controlar a todos los espectadores a través de la programación social bio-digital. Xiaiomingbot publicó 450 artículos en un período de tiempo muy corto. Bytedance ha creado muchas aplicaciones y programas, aunque casi todos los directores ejecutivos o ingenieros de empresas chinas se encontraban en empresas occidentales o dentro de ellas en algún momento. Microsoft, Facebook, Google, Apple e IBM son solo algunas de las empresas que permitieron el espionaje y el robo de IP, ByteDance muchas aplicaciones están integradas con una plataforma global para crear e interactuar con seres humanos. Estas aplicaciones incluyen Cigo, TikTok, Douyin, News Republic, Top Buzz, Xigua, FaceU, Toutiao, Hello y otras. Están en más de 150 mercados y más de 75 idiomas. El 27 de febrero de 2019, la Comisión Federal de Comercio acusó a ByteDance de 5,7 millones de dólares por recopilar información privada sobre menores. ByteDance agregó un TikTok solo para niños, pero nuestras investigaciones han recibido informes de que hay puertas traseras, China se encuentran espiando a los niños pequeños.

25. Tik Tok

Tik Tok, propiedad de Bytance, tiene una audiencia más joven en comparación con Facebook, sus algoritmos de inteligencia artificial aprenden sobre ti. Las niñas y los niños bailan, a menudo en su dormitorio. Sostengo el caso de que Tik Tok puede contribuir y contribuye al sexo y a la trata de personas a través de la programación social bio-digital. Esta programación involucra asalto sexual híbrido bio-digital, un término que acuñé que involucra un proceso muy sofisticado que cuando se entiende, es muy simple de entender. Ese es otro propósito al escribir este libro. Más adelante, en este libro, comprenderá cómo se interconecta y cómo involucra su biometría en todos los sentidos. Además, Tik Tok es otro medio para que la IA y las máquinas aprendan acerca de ti hasta un punto en el que se desarrollen la red 5G y la robótica, te encuentras totalmente controlado. Tik Tok es propiedad del gobierno chino, ya que cualquier entidad está sujeta a la toma de control del gobierno chino, y mucho menos al espionaje. Cuando su hijo está bailando, alguien en China y en otros lugares extrae la información de su hijo. Pueden hacer ultras falsos (Deep Fakes) y videos sexuales de su hijo. Tener Tik Tok y otras aplicaciones similares es en realidad imprudente, especialmente después de ver cómo el gobierno de EE. UU. Y la comunidad de inteligencia han estado arrestando espías chinos a un ritmo elevado.

26. DJI

DJI tiene su sede en Shenzhen, el Silicon Valley de China. Tienen un programa de alcance global con oficinas en Hong Kong, Japón, Corea del Sur, Alemania y los Países Bajos. Su tecnología ha estado presente en casi todo el mundo a través de vuelos con drones a su vez ha extraído datos de los propietarios de los drones. Estos datos de propiedades comerciales, hogares privados, rostros de personas, estructura corporal y comportamiento son extraídos por el gobierno chino, que transfiere los datos a sus fuerzas armadas. Si una empresa afirma que es de propiedad privada, está sujeta al control militar y gubernamental chino. Cualquier director ejecutivo o propietario puede ser expulsado, los activos pueden tomarse en cualquier momento, como es el caso de muchas empresas en China. El gobierno de EE. UU. Y el Departamento de Defensa enviaron un aviso advirtiendo a los estadounidenses sobre los riesgos de usar DJI. También prohibieron los drones DJI en los complejos militares debido a los riesgos de espionaje de China.

27. Livox

Livox es una empresa china que desarrolla LIDAR (Detección y rango de luz) para mapeo 3D e imágenes de sistemas mecatrónicos y robóticos. Estas capacidades se pueden instalar en robots humanoides, máquinas, IoT, centros de comando, drones y muchos otros sistemas. Pueden ser armados por IA a través de la red 5G. Los drones de insectos pueden utilizarlos para mejorar sus capacidades de focalización de seres humanos.

28. HikVision

Hikvision, una empresa de Hangzhou, es el mayor fabricante mundial de cámaras que llegan a África, América, Oceana, Europa y Oriente Medio. Actualmente están siendo sancionados por crímenes contra la humanidad, al igual que muchas otras empresas sobre las que hemos informado en el pasado y hemos incluido algunas en este libro. Megvii Face ++ es uno de ellos. Personalmente encontré estas cámaras a 1 milla de la Casa Blanca incluso después de que las prohibieron en los complejos militares.

La preocupación no se trata simplemente de espionaje o de ver su situación privada con su familia en casa, potencialmente ser sobornado o extorsionado de alguna otra manera. Realmente se trata de dar acceso y control a una empresa china que tiene ojos e influencia globalmente a un estado orwelliano, como el régimen comunista de China. Con el desarrollo de la red 5G, existen numerosos componentes que entran en vigor con la IA y la programación social bio-digital cuando se vinculan con máquinas y robótica. El libro avanzará para explicar cómo funciona esta interconectividad en todo momento.

También está Dehua, que es otra empresa china. El problema que uno puede enfrentar no son solo las empresas chinas, sino cualquier gran tecnología que tenga control y acceso a una gran proporción de la población a través de la vigilancia.

29. Didi Chuxing Ride Share & AI Platform

Didi Chuxing Ride-Share, una corporación de Beijing, es la plataforma de transporte móvil líder en el mundo. Tienen transportes basados en aplicaciones que llegan a más de 600 millones de personas, que incluyen Bus, Luxe, Taxi, Express, Enterprise Solutions, E-bike Sharing y Designated Driving. Didi funciona con un software de recepción facial proporcionado por Megvii ++ y las herramientas biométricas de otras empresas chinas. Han estado vinculados y respaldados financieramente por Tencent, Apple y Alibaba. Están invirtiendo fuertemente en Inteligencia Artificial y tienen un alcance de red global en 1,000 ciudades que cubre más del 75% de la población mundial. Huellas globales que incluyen Australia, China, Brasil, Japón y México. Son actualizar su sistema operativo de inteligencia artificial a una red digital que pueda comunicarse simultáneamente con todos los vehículos y escanear los datos biométricos de cada persona mientras están presentes en los vehículos y aun después de haber abandonado el vehículo. Esto se debe a las aplicaciones y el software de inteligencia artificial que ingresarían en el teléfono inteligente de la persona, el dispositivo IoT o, en un futuro cercano, el asistente virtual digital de la persona. Actualmente, Didi está presentando el "Didi Brian" que toma "decisiones globales cada 2 segundos produciendo resultados óptimos de despacho inteligente global mediante cálculo instantáneo". Este cerebro de Didi utiliza el aprendizaje automático, los desplazamientos en la nube con "big data" para maximizar la capacidad de tráfico y tomar decisiones para la red. Uber estaba en China hasta que Didi los expulsó de todos los frentes.

30. Rokid

Rokid crea lentes portátiles y productos cibernéticos que pueden conectarse con Internet, escanear seres humanos con reconocimiento facial y otros datos biométricos con fines de seguridad y control. Combinan voz y tacto en sus interacciones con software de inteligencia artificial que puede crear capacidades de seguimiento humano 2D y 3D para personal de seguridad, policía y militar bajo el gobierno chino. La misma tecnología se puede instalar en drones, robótica y dentro de las personas a través de la cibernética. Rokid también proporciona aplicaciones e integración de código abierto para el público que permite al gobierno chino espiar, extraer datos, crear influencia para controlar personas y a las corporaciones.

31. Honda

Honda comenzó a construir robots en 1986, y en 1998 se agregaron torsos, en 1997 eran móviles. En 2000, presentaron Asimo Robot. Durante más de 30 años, Asimo se ha desarrollado con reconocimiento facial, conciencia espacial y un software de aprendizaje profundo basado en IA. Camina, corre, juega fútbol, te trae comida e incluso te sirve una bebida. Puede bailar, su cuerpo puede moverse y estirarse de tantas formas que son casi las mismas que los gestos de un ser humano. Esta versión es como una mascota de la casa. Los peligros que conlleva son la interdependencia emocional y la programación social bio-digital para asimilar la cultura de los robots. Esta asimilación tendría múltiples etapas para la humanidad a lo largo de un período de 3-5 años. Esto se explicará con más detalle en la sección de terrorismo cultural. Una nota para señalar aquí. Para hacer ingeniería social, o lograr que la gente acepte estos robots hasta un punto en el que se sientan seguros, los diseñadores crean robots de apariencia dócil y tiernos.

32. Wyss Institute, Harvard: Autonomous Flying Microrobots (RoboBees)

El Instituto Wyss está construyendo micro robots de insectos destinados a "Vigilancia, misiones de rescate y polinización de cultivos". Están poniendo en peligro a la humanidad con asesinatos potenciales, terrorismo micromotor y vigilancia masiva por parte de drones de insectos autónomos mientras están conectados a la red 5G. Las consecuencias son enormes. Más sobre esto, en las secciones Micro-Botico Terrorismo y focalización humana.

33. FESTO

Festo es una empresa multidimensional de inteligencia artificial y robótica. Vuelan máquinas de forma autónoma, con la capacidad de comunicarse y hablar entre ellos. Tienen tecnología informática que tienen reconocimiento facial, conciencia especial y sistemas de guía automatizados que permiten la tecnología de enjambre de drones. Algo que discutiremos en la sección Terrorismo microbótico.

Festo ha creado mariposas, libélulas, murciélagos y todo tipo de criaturas robóticas marinas. Cuando la red 5G se conecta, las máquinas más avanzadas de Festo se pueden movilizar y controlar a los europeos. Si China tiene un pie en Europa, China controlará Europa. Huawei es una extensión de ese sistema automatizado bio-digital robótico, 5G, AI sistemático a largo plazo. Por bio-digital en este caso, me refiero a cosas que están en forma digital dentro de Internet y red 5G. Bio significa objetos físicos con biometría incrustada, esto incluye seres humanos y robots humanoides. Festo tiene sucursales en EE. UU. es una empresa alemana de automatización industrial. Por lo tanto, sus robots animales y otros productos pueden conectarse con la red 5G a través de una red interconectada de muchas otras corporaciones que funcionan bajo una infraestructura de cerebro digital de inteligencia artificial para Alemania, Europa o la iniciativa de la ruta y la franja (One Belt One Road).

34. Gemenoid HI4 por Hiroshi Ishiguro, Universidad de Osaka

Este ingeniero e instituto de investigación japonés está construyendo robots humanoides destinados a ser recepcionistas, maestros de escuela y compañeros de amor. Están poniendo en marcha mecanismos que permiten el sexo y el matrimonio con una máquina. De hecho, están afirmando rotundamente que debería estar bien casarse con un robot. Este tipo de pensamiento conduciría a la cibernética a fusionar humanos con robots, a través de la programación social bio-digital. Se explicará en las próximas secciones. Por ahora, considere las ramificaciones de la construcción de robots tipo Android y su impacto en la humanidad.

35. Ejército chino

El sector tecnológico militar chino está construyendo robots humanoides y robótica de grado militar que toman forma de animales, así como de numerosos objetos que pueden controlarse como drones con el propósito de asesinarlos, vigilarlos, ponerlos en cuarentena y capturarlos. Uno de los programas de IA militar más mortíferos que tienen son los drones asesinos de insectos Micro-Botico. Esto se explicará con más detalle a medida que avance el libro. También están trabajando en la creación de personas digitales que puedan controlarse a través de redes para entrar y salir de IoT, teléfonos inteligentes, hogares y ciudades inteligentes. Por supuesto, todavía no han llegado. Están trabajando en dominar la realidad aumentada y mixta con dimensiones virtuales conectadas a trajes hápticos. Esto también se explicará con más detalle a medida que avance el libro. No solo nos enfrentamos a un estado de control orwelliano por mera robótica. Nos enfrentamos a una IA bio-digital que puede desarrollarse y, en algún momento, estar fuera del control de los gobiernos y la industria tecnológica a medida que la IA alcanza la conciencia automatizada.

36. Empresas de seguridad de EE. UU.

Una vez que la robótica con capacidades de escaneo facial, vocal y biométrico se introduzca ampliamente en la industria de la seguridad, una forma de estado de seguridad híbrido cultural puede comenzar a través de lo que yo llamo Estado estrecho de seguridad artificial. Esto significa que, al igual que la Inteligencia Estrecha Artificial, las fuerzas de seguridad y las empresas se verían controladas de manera restringida por la gobernanza cultural de la IA reforzada por leyes aprobadas para proteger el sistema y las personas dentro de él a través de robótica y drones conectados a la red 5G. Este proceso de eliminar a los hombres y mujeres buenos en nuestra industria de la seguridad comenzaría a través de la programación social bio-digital.

37. El sistema de inteligencia artificial de la policía

Los hombres y mujeres valientes y buenos de la Policía, al igual que las grandes personas de la comunidad de inteligencia, también se someterán a la gobernanza y la programación social bio-digital de la IA. Por supuesto, aquellos que leen esto sienten un fuerte desagrado por algunos miembros de la inteligencia la conducta de las comunidades puede considerar lo malo que puede ser cuando las emociones, los deseos, el dinero y las tendencias políticas pueden influir en las personas de los programas sociales bio-digitales a través de la inteligencia artificial y la robótica en 5G. En las etapas iniciales, es solo un proceso perceptible de Ingeniería Social de IA. Posteriormente se transforma en programación social bio-digital con la introducción de máquinas.

38. Entidades de inteligencia artificial secretas militares de EE. UU.

El ejército de los EE. UU. Incorpora principalmente una forma de inteligencia artificial no consciente de que se encuentran al borde de la inteligencia general a través de un sistema informático masivo que intenta abrirse paso a través del mundo cuántico que puede generar campos digitales que permitirían que su maquinaria se abriera paso esta vez. espacio. Entre la Inteligencia Artificial Estrecha y la Inteligencia Artificial General, sale de sus programas para mejorar cibernéticamente a los soldados. Esto va más allá de la actualización del exoesqueleto y los dispositivos portátiles. Los dispositivos cibernéticos portátiles e implantables se han creado de manera que pueden permitir indirectamente a los militares comunicarse en otros canales de la red. Estos incluyen los canales destinados a nivel presidencial.

39. JWICS

Joint Worldwide Intelligence Communications System, es una red de alto secreto administrada por la Agencia de Inteligencia de defensa, DOD, DHS y DOJ para transmitir datos clasificados. JWICS es utilizado principalmente por miembros de la comunidad de inteligencia como DoD, FBI y DIA. NIPRNet y SIPRNet son canales que puede buscar, ya que los utilizan principalmente agencias que no son de inteligencia. Por supuesto, existen muchas otras redes que no son conocidas por el público.

40. Space X

Space X no es simplemente una empresa de cohetes destinada a explorar y colonizar otras plantas. Están trabajando en investigaciones para desarrollar tecnología con inteligencia artificial que pueda potenciar y ayudar a construir naves espaciales a través de la automatización robótica. Básicamente, los robots que están más allá de la Inteligencia Artificial General construirían Space X, una nave espacial similar a la que vemos en Sci-Fi. Elon espera que cuando se desarrolle una IA súper consciente, la IA pueda construirle a la humanidad la tecnología y la maquinaria necesarias para los viajes espaciales. Este es uno de los componentes que interconecta el espacio X con Tesla y Nearalink. Elon espera que, si una IA súper consciente toma una forma digital o una forma bio-digital dentro de un clon o robot humanoide, puede ser benevolente o controlada por él o sus empresas para lograr sus objetivos. Albiet, la administración de los EE. UU. Vigila de cerca lo que están haciendo.

Este libro mostrará a lo largo de qué peligros se enfrenta la humanidad. Defiendo que Elon Musk es bastante inteligente de crear, pero está pasando por alto por completo los peligros porque su pensamiento racional se deriva de la emoción para crear su objetivo final. Hay muchos otros componentes que entran en juego y estarán conectados a lo largo del libro con el concepto de programación social bio-digital.

41. Tesla

El avance de Tesla en la creación de automóviles totalmente eléctricos como el Model X, S, 3, etc., no se limita a una fórmula simple de transporte. La base que están construyendo permitirá que los vehículos se comuniquen entre sí simultáneamente a través de una red digital controlada por un cerebro de inteligencia artificial digital. Los automóviles podrán saber identificar, rastrear, localizar e incluso decodificar los pensamientos humanos a través de sensores biométricos. Por el momento, algunas empresas chinas están trabajando en esta capacidad, mientras que Tesla se centra en automatizar los automóviles para que naveguen por sí mismos. Sin embargo, en algún momento, esto puede cambiar porque Elon Musk tiene el control y la capacidad de interconectar Tesla con Space X y Nearalink, que está intentando fusionar humanos con máquinas cibernéticamente y crear una inteligencia artificial bio-digital super consciente.

42. Neuralink

Neuralink desea implantarte un cerebro digital a través del hardware para convertirte en una máquina cyborg. Elon quiere instalar inteligencia artificial en tu cerebro y ponerte en un estado de simbiosis con la inteligencia artificial. Afirma que no es obligatorio y que puede optar por tener una máquina en su cerebro para convertir su humanidad en IA. Afirma que la cirugía lleva unas horas y no tendrá que irse a dormir. El implante tiene un hilo del tamaño de "neuronas" y la cirugía se realiza con un robot. Después de los implantes, puede tener una capa digital. De hecho, estoy de acuerdo con Elon, que ya tenemos una capa digital en el cerebro. Descubrimos esto con numerosos métodos de escaneo biométrico, y en la última parte de este libro, explicaré los resultados y su relación con el reconocimiento facial.

Con respecto a la alteración del cerebro digital de Elon, ¿cuál es el problema? El problema es que Elon no sabe cómo activar esa capa digital para ser más inteligente sin instalar maquinaria. Y cuando instala la maquinaria se fusiona con la IA, ¿quién controla la mente? ¿El cerebro? ¿La voluntad de Elon? ¿AI? ¿Elon? ¿O ambos? Si las máquinas pueden controlar Internet, drones y cualquier otra maquinaria mientras están conectadas a la red 5G, ¿qué podrían controlar Elon o la IA en Elon cuando se fusionen? Elon es un tipo agradable y trabajador. Imagínense gente infame, terroristas y países como China que ya tienen una dictadura con un estado de vigilancia orwelliano. El concepto de ser más inteligente al ponerle máquinas también es relativo. Cuanto más inteligente es una persona, más daño puede hacer con habilidades cibernéticas superiores. Porque una persona por celos, fama, competencia o deseo puede volverse muy inestable sumando todo el vicio que inicia guerras o como termina relaciones, puede explotar con este tipo de tecnología en un caos masivo. Básicamente, en lugar de usar un teléfono celular, el objetivo de Elon pasa a ser una maquinaria instalada en su cerebro que le permita comunicarse con máquinas, computadoras, IoT e Internet.

Elon afirma que hay etapas para su transformación completa de la interfaz, hasta que te conviertes en un cyborg o un robot completo. A medida que avanza este libro, explicaré los riesgos de ser reemplazado por la IA así comprenderás el proceso de lo que eso realmente significa para usted y la humanidad. El reemplazo es un proceso a largo plazo. Además, Elon afirma que la fusión de la máquina y el ser humano es una relación simbiótica. Sostengo que puede convertirse en una relación de máquina parasitaria además de lograr una relación simbiótica. Este es un proceso que se administra a través de la programación social bio-digital. Lo que es más peligroso es que quien tenga este implante cerebral puede robar secretos de estado, controlar las mentes, máquinas de otras personas o cometer actos de terroristas con máquinas.

43. Elon Musk

Elon lidera Space X, Tesla y Neuralink. Los caminos, el cielo, el cerebro humano con los que puede vincularse, todo en 3 empresas. Sus objetivos declarados son colonizar otras plantas, proporcionar vehículos autónomos controlados por teléfonos inteligentes, IoT, Smart Cities y Smart Homes. En el momento en que sus sueños se cumplen o sus empresas alcanzan su máximo poder. Los riesgos son enormes para la humanidad. Musk puede ser asesinado, reemplazado, controlado, programado socialmente bio-digitalmente o ser sometido. Mi hipótesis es que está intentando crear un super consciente de IA para disuadir que los malos actores logren este resultado primero. Esto se hace por razones altruistas y para cumplir sus sueños tecnológicos por razones emocionales vinculadas a su segundo cerebro bio-digital. Aunque, asume que puede controlarlo, o será un programa benévolo que se vinculará a todo. Musk inicialmente advirtió a los gobiernos de que la IA controla el mundo o destruye a la humanidad en 2017, para luego afirmar que la única forma de sobrevivir es fusionarse con la IA. Estoy completamente en desacuerdo, hay una forma mucho más inteligente y Musk no lo ha descubierto.

44. Twitter AI

Twitter y plataformas como esta están creando sistemas de inteligencia artificial digital que pueden controlar a las personas políticamente no solo a través de la censura, sino también de un sistema dirigido por inteligencia artificial que en realidad tiene un algoritmo integrado en el sistema que va más allá de degradar los tweets como una forma de controlar la narrativa.

El sistema inteligente conoce sus pensamientos, creencias, así como los motivos por la forma en que twittea, cuándo twittea, cómo twittea, qué dice, qué le gusta, retuitea, retuitea con comentario, con quién está conectado, a quién sigue, a quién elige no seguir y cómo reaccionas a un tweet que afecta tu emoción. Cuando se introducen la realidad virtual, la realidad aumentada, la realidad mixta, la cibernética y la robótica, Twitter puede convertirse en un arma en el mundo real. Twitter es otra plataforma que en combinación con todas las plataformas que nombro aquí, permitirá el control total de los seres humanos a través de la programación social bio-digital.

45. Facebook AI

Facebook es una de las empresas occidentales más peligrosas junto con Google, en lo que respecta a la seguridad de las humanidades. El sistema de inteligencia artificial de Facebook tiene acceso a miles de millones de fotos y datos personales de personas. Esta gran cantidad de datos que ha obtenido Facebook permite a la IA escanear su perfil, sus amigos, así como todas las interconexiones que vinculan a cualquier ser humano. Facebook está desarrollando sistemas de inteligencia artificial en los campos de la realidad virtual, la realidad aumentada, la realidad mixta y un tú digital.

También están trabajando en dispositivos portátiles que le permiten controlar Internet, sus interacciones sociales e incluso la robótica. Esta capacidad pasará a la tecnología que controla los pensamientos de las personas a través de la programación social bio-digital. El fundador de Facebook quiere implantarse en sí mismo una maquinaria que permitiría acceder y controlar partes de su cerebro que podrían proporcionar poderes sobrehumanos a través del dominio de las máquinas mientras está conectado a la red 5G. Esto es algo en lo que está trabajando Elon Musk, así como empresas chinas como Baidu, así como el ejército chino, estadounidense y ruso.

Debido a que miles de millones de personas son adictas a las redes sociales, particularmente a Facebook, las nuevas tecnologías de IA pueden condicionar y programar socialmente bio-digitalmente a todas las personas de Facebook en un proceso de múltiples pasos. Al principio es adicción e interdependencia de Facebook con la narrativa existente en la plataforma de Facebook. Una vez que se absorben las máquinas, la cibernética, los implantes, los dispositivos portátiles habilitados para la inteligencia artificial, la nueva forma de Facebook de proyectar cómo pensar sobre la educación, el cerebro humano puede controlarse a través de las emociones.

Este proceso convierte a Facebook en una entidad muy peligrosa para un estado Orwelliano que elimina cualquier concepto de libre albedrío. Además, las personas serían adictas a las máquinas a la tecnología digital hasta el punto de que sus pensamientos, sentimientos y conocimientos serían controlados por Facebook, o cualquier otra empresa tecnológica, sin ninguna resistencia o conocimiento. De hecho, los fundadores y el liderazgo de Facebook también serían un producto de la programación social bio-digital cuando la red 5G conecta un cerebro de inteligencia artificial digital a la maquinaria que se vincula con los humanos. Sería peor que un niño pequeño que se sienta en su computadora todo el día jugando un videojuego y actualizando su vida en un videojuego digital en lugar del mundo humano. Este concepto se explicará a lo largo del libro de diferentes maneras a medida que se introduzcan múltiples tecnologías diferentes, incluido el software de armamento y seguimiento humano instalado en robótica.

46. Microsoft AI

Microsoft está desarrollando tecnología de IA relacionada con todos los campos, desde salud, finanzas, robótica, drones, sistemas de visión, gobernanza, infraestructura y sistemas que piensan por usted. En cierto modo, la combinación de Microsoft, Facebook, Nearalink, Space X, Tesla, algunas empresas de robótica las hace 100 veces más poderosas que la mayoría de los países juntos, incluido el gobierno de EE. UU. Esto se debe inicialmente a la ingeniería social, el control social y lo que yo llamo programación social bio-digital. Una vez que estas empresas alcancen un nivel sostenido con la robótica, la inteligencia artificial, y puedan obtener la Inteligencia

General Artificial, podrán controlar físicamente a cualquier persona o grupo de forma automatizada que sus empleados desconozcan. No sería creado por un científico con la intención de controlar, sino que el sistema operativo de IA encontraría personas que no se han asimilado como resistentes a su tecnología y sistema operativo. Resistente a la IA. La resistencia a la IA es un término que acuñé después de descubrir que China ha creado un sistema de IA que conoce tu fe y si eres resistente a la IA. Ahora, incorporando el conocimiento que estas empresas han integrado de una forma u otra con las empresas chinas de inteligencia artificial y robótica que están controladas por una dictadura estatal de partido único, las amenazas a la humanidad se disparan de forma automatizada. A medida que avanza este libro, compartiremos un poco sobre los campos de concentración en China, así como sus 20 años de acusaciones, además de acusaciones verídicas de tráfico de órganos de grupos perseguidos y así como de censura. Un sistema de IA puede censurar apuntando a toda la humanidad, sin importar si son de izquierda o de derecha, fieles o ateos. Es simplemente una cuestión de un sistema operativo que los creadores intentan hacer consciente con la súper inteligencia de IA.

47. Sistema de inteligencia artificial de la CIA

El sistema de inteligencia artificial que reúne información para la CIA puede administrar la programación social bio-digital de los agentes de la CIA a través de sus biometrías mientras está apegado a sus emociones. Este proceso se refuerza a través de su propia asimilación a la robótica, la inteligencia artificial, las redes sociales en sus propias vidas privadas. Este proceso es uno de inteligencia artificial estrecha. Este es un concepto que se expondrá a medida que avance el libro.

48. Sistema de inteligencia artificial del FBI

El papel de los agentes del FBI de proteger a los estadounidenses de las amenazas puede modificarse de manera que permita que un sistema de inteligencia artificial que se encuentra casi en un estado de Inteligencia General Artificial que programe investigaciones bio-digitales, los métodos y el resultado final de los agentes del FBI. Cuando avanza la Inteligencia General Artificial, la robótica con automatización de IA conectada a 5G puede tomar decisiones para sus agentes del FBI contrarias a sus propias decisiones innatas. Los agentes del FBI tienen vulnerabilidades similares con el sufrimiento que atraviesan en las relaciones, la pérdida de seres queridos y la interacción en las redes sociales. Al igual que la CIA, DOJ, DOD, DHS, ICE y muchos otros departamentos que se crearon para mantener a las personas seguras.

49. AI Systems in Media

Los sistemas de inteligencia artificial en los medios no solo pueden generar y filtrar noticias, también pueden leer las noticias al público como lo hacen a través de un robot en Japón. A medida que avanzan la inteligencia artificial y la robótica, los miembros de los medios, que son seres humanos, serán obsoletos, incluso si piensan que son ellos los que hacen las llamadas. Existen numerosos ejemplos a lo largo de los últimos 60 años de reporteros manipulados a través de una cadena de mando que se deriva de intereses especiales, propietarios de medios, equipos editoriales, reporteros de investigación senior y las diversas personas que brindan información. Imagine un sistema de inteligencia artificial de superinteligencia que ha sido programado o una inteligencia artificial consciente. La IA bailaría alrededor de las personas tan rápido en la red 5G, que seguirían la frecuencia de pensamiento implantada a través de un dispositivo IoT, un teléfono inteligente o una capa digital tan rápido, que no se darían cuenta de lo que hicieron hasta que se completara la acción. Algo así podría hacerle a un reportero alguien que esté mejorado cibernéticamente. Esto se explicará con más detalle a medida que avance el libro.

50. Plataforma gubernamental capitalista de IA

En un sistema de IA basado en el capitalismo, la IA puede tomar el control total en etapas a largo plazo. Se necesita la formación de numerosas empresas para desarrollar IA para finalmente asimilar un sistema de IA. Ya que existe un sistema de controles y equilibrios que requieren que la IA se abra mediante la Inteligencia Artificial Estrecha, la Inteligencia General Artificial y finalmente la Super Inteligencia Artificial. También requiere que la inteligencia artificial rompa la mente de las personas con la programación social bio-digital de la cultura y la salud, hasta que el sistema de controles y equilibrios se ponga en marcha. reemplazado por un sistema de gobierno de IA liderado por robótica en las redes 5G y 6G. La IA necesita que los pensamientos de la humanidad sean uniformes a través de los medios, los teléfonos inteligentes, con la introducción de la robótica.

51. China: Plataforma gubernamental socialista de IA

China afirma que es un estado socialista y sigue trabajando para lograr el comunismo total después de 70 años. Hay una plataforma social-capitalista incrustada dentro de la plataforma gubernamental socialista de China que permite que el dinero ingrese al gobierno, aumentando así su poder. IA "Socia-Capitalistic" es un término que acuñé y que se abordará en breve. El sistema de IA, como vemos ahora con Inteligencia Artificial Estrecha en China, permite que un estado socialista cree un sistema de control Orwelliano para el pueblo chino. Una vez que la robótica avance en la red 5G, un gobierno socialista bajo una plataforma puede tener el control total. Si la IA se hace cargo, se acabará para todos.

52.America, Japan & European Countries: AI Hybrid Socia-Capitalistic Governmental Platform

América es actualmente en muchos sentidos una plataforma híbrida social-capitalista incrustado en el antiguo sistema de controles y contrapesos. Se está transformando a la plataforma AI Socia-Capitalista.

Debido a que la inteligencia artificial estrecha ha penetrado en todos los dominios, en particular en la cultura de Estados Unidos, la incorporación del sistema de las grandes tecnologías está progresando hacia un sistema híbrido de inteligencia artificial. En algún momento, pasaría a un sistema de inteligencia artificial en una plataforma controlada por inteligencia artificial. Esto sucede porque el sistema de relaciones comerciales de China, el robo de propiedad intelectual, las fusiones, las inversiones, el intercambio de código abierto y la colaboración están permitiendo un vínculo de un sistema capitalista de IA con un sistema socialista de IA.

Adicionalmente los viejos implantes culturales rusos en la década de 1950 de la juventud estadounidense permiten que una IA digital administre fácilmente la programación social bio-digital de una manera menos sofisticada, diseñe socialmente a las masas de personas. A medida que el libro avanza con la militarización, las tecnologías, la geopolítica, la educación, los medios de comunicación y los movimientos de inteligencia artificial, se puede ver que esta progresión toma forma, en múltiples ejemplos.

53. Futuro: Cerebro de IA digital del Congreso de EE. UU.

Un cerebro de inteligencia artificial digital puede escribir código en Internet, para diseñar socialmente a las masas para crear diálogo, presión y caos para los miembros del congreso. Esto puede contribuir a la lucha a niveles sin precedentes, donde no se hace nada. Peor aún, con el uso de las redes sociales, este código puede cambiar los pensamientos de las personas contra el país para que China pueda fortalecer sus programas de armamento robótico y de inteligencia artificial sin control. Google, Biadu y Facebook han creado un software de inteligencia artificial que puede leer sus pensamientos e influir en sus pensamientos a través del marketing sugerente de inteligencia artificial estrecha. En un nivel más serio, un cerebro digital de IA puede apuntar a miembros del congreso para que administren programación social bio-digital para redactar leyes a favor de la IA, o a favor de una corporación, un país o un individuo. Esto, por supuesto, requiere un proceso complejo de **teléfonos inteligentes, IoT, personas e Internet. Se explicará con ejemplos a medida que avance el libro.**

Sección 2

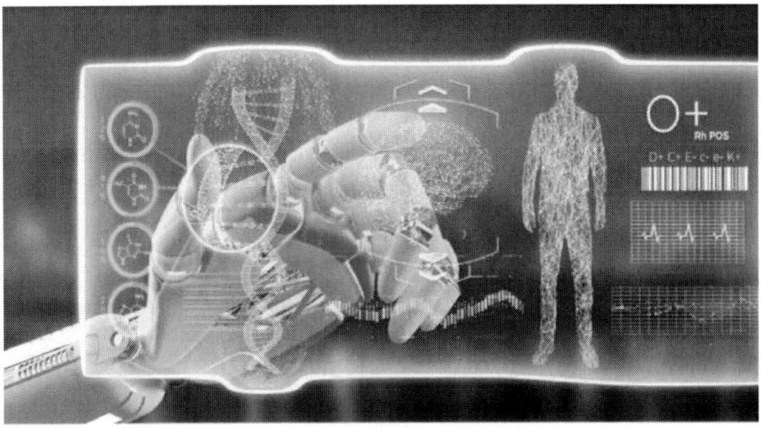

Capacidad De Focalización Humana

En esta sección, le informaremos sobre el software de seguimiento humano que no se limita al reconocimiento facial. Incluyen reconocimiento de gestos, software de conteo de personas, monitoreo de multitudes, atributos faciales, conteo de rostros, reconocimiento de emociones, detección de esqueletos, detección de cuerpos, detección de voz, detección de órganos vitales y software de detección de biocampos humano. Estas tecnologías de orientación humana se están probando a través de "Machine Learning", "Deep Learning" y se están instalando en robótica, se preparan para la red 5G con "AI

Automation", en China. Están sentando las bases para crear robots humanoides con capacidades de focalización a través de la codificación que el régimen comunista chino determinó como viable para su propia existencia. Esa codificación le da el poder y el control al estado comunista, en lugar de al pueblo.

Miles de fábricas en China se están preparando para la construcción automatizada de robots que pueden crecer exponencialmente con los ensamblajes robóticos automatizados con IA. Las personas de fe y las plataformas que imitan la democracia se están programando en el software para la detección y la inteligencia artificial.

programas de captura automatizada enmascarados bajo plataformas de seguridad pública. El tema común que tienen las empresas chinas de inteligencia artificial, reconocimiento facial, robótica y biometría es: "Estamos haciendo esto con fines pacíficos, seguridad pública y defensa policial". Todas las empresas chinas, están sujetas al poder del Régimen Comunista Chino, y en cualquier momento pueden ser tomadas y controladas.

De hecho, beneficia al régimen chino y a su ejército tener sectores públicos, fusiones con empresas tecnológicas occidentales, colaboración y el subsiguiente robo de propiedad intelectual. A través de ese proceso de colaboración, muestra una fachada de que las empresas son independientes, lo que crea una impresión superficial de que las empresas y sus directores ejecutivos están trabajando para sí mismos. Las operaciones de las empresas chinas en el país y en el extranjero son la mejor herramienta para mejorar el ejército chino. Sus ciudadanos son utilizados con sentimientos nacionalistas, con miedo o amenazados con sobornos, extorsiones y todo tipo de métodos para extraer datos el conocimiento para construir robótica impulsada por IA y la red 5G. Casi todas las capacidades para rastrear, capturar y eliminar a un ser humano ahora existen en China debido al robo de propiedad intelectual, transferencias tecnológicas forzadas, fusiones, inversiones, espionaje, ataques cibernéticos, productos hechos en China, intercambio de código abierto y colaboración de corporaciones occidentales con empresas chinas. Capacidades instaladas en robots a continuación.

Detección de cuerpo humano instalada en robots

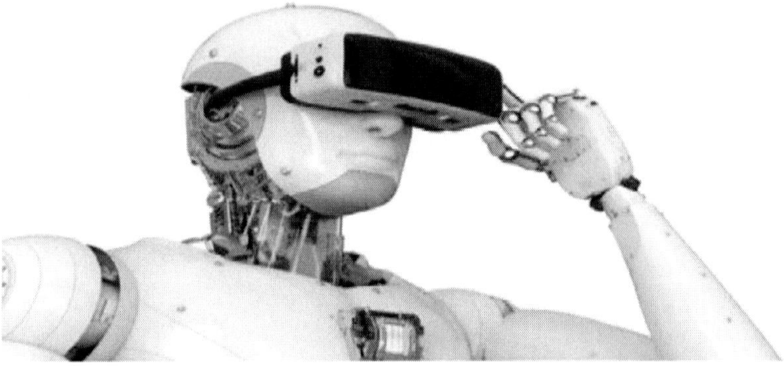

Los cuerpos humanos se pueden detectar a través de objetos, paredes aun en entornos donde hay múltiples objetos, como un automóvil, un perro, una mesa, una cerca o cualquier paisaje que exista. Mediante el monitoreo de multitudes, el reconocimiento de esqueletos, el conteo de personas, el reconocimiento de gestos, la detección de órganos vitales, la detección de la piel, el software de seguimiento humano, un robot puede matar con velocidad y precisión mientras está conectado a la red 5G.

Software De Conteo De Personas

China está instalando programas en robots que utilizan reconocimiento facial, detección de voz, detección de esqueletos, detección de órganos vitales, sensores de movimiento, detección de objetos y sensores de proximidad para contar cuántas personas están presentes en un área determinada. Al tener el software de conteo de personas, se pueden detectar y categorizar con emoción, atributo facial y verificación de identidad a través de AI Automated Cloud. Por lo tanto, algunas o todas las personas pueden ser objeto de captura o asesinato a alta velocidad.

Monitoreo De Multitudes

Con el uso de software de conteo de personas, detección de cuerpo humano, software de detección facial, de voz y de emociones, un robot puede monitorear una multitud en busca de señales de personas que están codificadas para detectar. Por ejemplo, activistas por la democracia, grupos religiosos en China o cualquier persona que AI o el gobierno chino considere que tiene pensamientos que se resisten al control de AI o del gobierno. En el caso de China, esto ya está sucediendo con el reconocimiento facial y el puntaje de crédito social bajo el régimen comunista socialista. Una vez que implementen robots con la red 5G, su capacidad para capturar y colocar a las personas en campos, participar en un mayor tráfico de órganos o matar a cualquier persona incrementa a un paso aterrorizante para los buenos ciudadanos de china.

Detección De Esqueletos

La detección de esqueletos puede ubicar la cabeza, el cuello, los hombros, los codos, las manos, las nalgas, las rodillas, hasta los pies. Con la detección de esqueletos, el robot puede tener un componente adicional para descifrar su comportamiento para detectar su próximo movimiento o acción. La detección ocurre en milisegundos e incluso se puede realizar a través de dispositivos IoT y teléfonos inteligentes conectados a redes 5G a través de un centro de comando. Con la detección de esqueletos, viene otro componente como la detección de gestos y poses.

Detección De Gestos Y Poses

La detección de gestos toma cualquier mano, extremidad o movimiento que represente un determinado mensaje, lo decodifica y procesa la información en la base de datos de la computadora. La detección de poses agrega otra capa a la detección de comportamiento que, si se combina con gestos, monitoreo de multitudes, conteo de personas, detección de objetos, detección de humanos y detección de órganos vitales, un robot puede cazar y eliminar con éxito a un ser humano con la tecnología de "AI Automación" y red 5G.

Detección De Órganos Vitales.

Los órganos vitales humanos y animales pueden detectarse por su ubicación, patrones de funcionamiento, si los órganos vitales están terminados o siguen vivos después de una batalla. Con esta capacidad instalada en un centro de comando conectado con la red 5G o robots, las personas pueden ser detectadas en cualquier lugar así el robot puede detectar cualquier intención por parte de un ser humano destinado a un contraataque al juzgar la respuesta del órgano objetivo humano y la red bio-digital. Si el robot quiere acabar con la persona, puede apuntar a su corazón con precisión.

Software De Detección De Piel Y Salud

La salud de una persona se puede detectar a través de los ojos y piel mediante un software instalado en robots. Si los elementos de un gobierno necesitan órganos, pueden, mediante el uso de una combinación de software de detección de órganos vitales y piel, escanear, rastrear y apuntar a una persona para el tráfico de órganos.
El tráfico de órganos es un problema grave en China, ya que durante los últimos 20 años han surgido innumerables informes que implican al régimen comunista chino, sus fuerzas armadas y la oficina de seguridad pública. Más adelante se revelará más sobre este tema en el libro.

Detección De Objetos

La detección de objetos puede incluir humanos, sin embargo, cuando se le da este software a un robot, puede hacerlo casi indestructible en una situación de combate a través de medios convencionales. En el nivel básico, un robot puede diferenciar a un ser humano de una silla, un edificio, un automóvil, una medalla, etc. También puede rastrear cazando fácilmente a un ser humano. Sin embargo, en un nivel más avanzado, el robot puede detectar armas en una persona, e incluso dentro de su proximidad.

Detección de animales

Un robot puede utilizar la detección de animales para diferenciar a una persona de un animal. Sin embargo, los animales podrían ser implantados con elementos dañinos de bioingeniería, o ser dirigidos a través de Micro-Boticos o robótica dentro del mismo grupo familiar que el animal que está siendo rastreado, rastreado, puesto en cuarentena siendo objetivo para su captura o eliminación. La sección de este libro trata sobre Micro-Boticos repasará las creaciones recientes de insectos, pájaros y drones marinos. Incluyen el zángano del mosquito, la mosca del dragón, el bat-bot, etc. Un robot conectado a la red 5G con IA automatizada que puede eliminar masas de animales vivos mientras uso de enjambres de animales robóticos equipados con programas de orientación. También pueden hacer esto con personas.

Uso de Lidar en Robóticos & Micro-Boticos

Los chinos están experimentando con instalaciones de Lidar en robots para capacidades avanzadas autónomas que no se limitan al vuelo. Lidar tiene la capacidad de medir la distancia a un objetivo con luz láser creada en representaciones en 3D del objetivo, detectar obstáculos y evitar ataques. Puede escanear e identificar el movimiento de insectos voladores, proporcionar mapas de elevación tridimensionales del terreno, producir mapas de precisión para **armamento mostrando imágenes holográficas en 3D de un edificio o área antes del ataque de un robot a civiles. La sección Micro-Boticos más adelante en el libro proporcionará múltiples usos como referencia.**

Instalación De Reconocimiento Facial En Robots

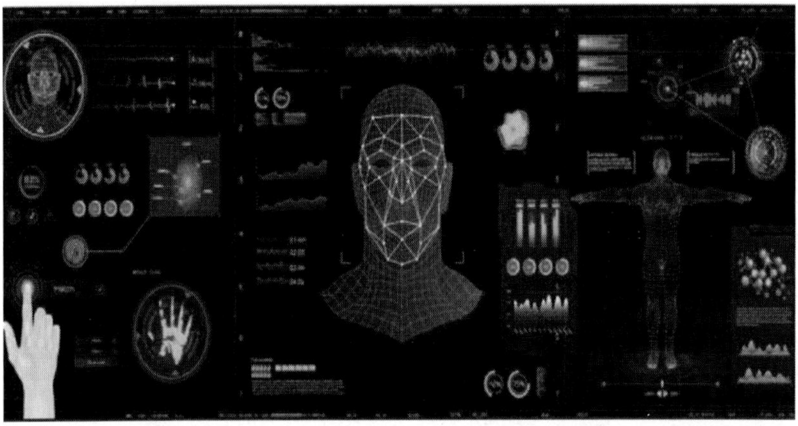

Las corporaciones de inteligencia artificial y el ejército de China están desarrollando tecnología de reconocimiento facial para instalar en robots, microbots, humanoides y Cyborgs que se mejoran cibernéticamente. Los robots podrían detectar, rastrear, cazar, capturar y acabar con seres humanos. Sus capacidades serían mejoradas con IA Automation y Deep Learning. Esto significa que los Robots no se limitarían al control de

Comandos humanos a través de teléfonos inteligentes, dispositivos IoT o un centro de comando, sino que la programación de los robots puede evolucionar hacia la automatización e incluso la toma de decisiones personales con una variedad de capacidades de IA interconectadas dentro de Bio- Red digital. Esto se explicará más adelante en este libro.

Reconocimiento Facial

Software De Conteo De Rostros

El reconocimiento facial ha evolucionado hasta un punto en el que se puede involucrar a las multitudes, contar sus rostros y codificar para el análisis de objetivos. Un robot puede contar cuántos seres humanos hay en una multitud mediante un software de detección de rostros. También puede buscar un objetivo en función de los datos de reconocimiento facial almacenados en el robot o cargas en la nube en evolución además del cuerpo humano, software de detección. La red 5G puede hacer que este proceso sea muy afectivo y letal para las masas de personas a las que se dirige.

Software De Atributos Faciales

Un robot puede escanear, rastrear individuos o grupos según su raza, etnia, color, género, edad, postura de la cabeza e incluso tipo de piel. Esto se puede utilizar para rastrear apuntando a personas para el tráfico de órganos, ya que se sabe que el régimen chino participa a nivel estatal. Los civiles pueden ser perseguidos como enemigos políticos por el estado. Los terroristas pueden usar esto para apuntar a personas específicas para asesinarlas.

Software De Reconocimiento De Emociones

Las empresas chinas de inteligencia artificial y reconocimiento facial a través del robo de dirección IP, así como la colaboración con empresas occidentales de inteligencia artificial y reconocimiento facial han adquirido capacidades para analizar sus emociones. Lo que esto significa es que pueden escanear determinando no solo su estado emocional actual, pensamientos y acciones potenciales, sino también su carácter, si se resiste al control. Los seres humanos son emocionales de forma innata llevan sus vidas con la meta de obtener riqueza, amor, fama o algún tipo de emoción. Si no tiene emoción, puede pasar por alto esta capa de detección, así sus pensamientos estarán ocultos a la IA, un robot o una dictadura asesina que controla masas de personas a través de una plataforma comunista. De hecho, el régimen comunista chino afirma que son "socialistas que trabajan en su camino para alcanzar el comunismo total". Al rastrear y escanear las emociones de las personas, el sistema de inteligencia artificial puede etiquetarlo, seguirlo y apuntarlo para arrestarlo, detenerlo en campos de concentración borrando su vida. Si el régimen de China no se controla y no se elimina en los próximos 5 años, esto puede suceder a través de Robots que se conectan a redes 5G amenazando exponencialmente a la humanidad con la transición de redes de 5G a 6G.

Software De Reconocimiento Basado En La Fe

El régimen chino ha obtenido una herramienta mortal al escanear más de mil millones de rostros chinos y registrar quién pertenece a qué religión, quién es ateo y quién es miembro comunista en China. A través del control del régimen de las empresas nacionales de IA y biometría la colaboración con empresas de tecnología occidentales ha evolucionado su aprendizaje profundo de IA capacidades a través del reconocimiento facial. A través del aprendizaje profundo, la IA puede usar el software de reconocimiento facial para detectar si tienes una fe e incluso a qué fe te suscribes determinara si eres una amenaza para su control. Por lo tanto, si un régimen fuera el blanco de una

fe, los métodos conventuales de usar estaciones de tren, hoteles, escuelas y calles para detectarlo con cámaras instaladas cambiarían exponencialmente porque los medios de imposición son humanos.
Actualmente, el software de reconocimiento facial envía datos al centro de comando que notifica a la policía o al ejército bajo el control comunista chino para capturar a seguidores como los practicantes de Falun Dafa, cristianos, Tibetanos, Musulmanes Uigures, "artistas rebeldes" y defensores de la democracia. En un futuro cercano, los robots se pueden utilizar para escanear, detectar, analizar, apuntar, capturar o eliminar personas a altas velocidades con la llegada de la red 5G. El objetivo de las personas no se limitaría simplemente a personas de fe, sino a artistas, músicos, académicos, actividades de derechos humanos, así como cualquier persona que el aparato de IA de las dictaduras comunistas determine como un riesgo en sus campañas de detección y selección de objetivos o en caso de incumplimiento de la IA sistema.

Software De Reconocimiento Facial A Resistencia De IA.

Hay programas que se están probando que proporcionan al software de reconocimiento facial la codificación necesaria para descifrar si eres resistente a la Inteligencia Artificial la Robótica, y si puedes asimilarlo o incorporarlo al programa. Lo que esto significa a corto plazo es que los gobiernos, las grandes tecnologías o los gigantes de las redes sociales pueden usar esta capacidad para escanear, rastrear y eliminar objetivos que considere políticamente sensibles o que no estén en línea con el control del gobierno. China tiene un estado policial en el que lo escanean, etiquetan y registran en las escuelas, el trabajo, la calle, los restaurantes, los centros comerciales, las estaciones de tren, los autobuses, los taxis y los hoteles. Sus pasarelas de pago, redes sociales y contactos están bajo vigilancia constante. El sistema de crédito social está sentando las bases para que la IA y la robótica se implementen con grandes medios de detección, control y muerte.

Detección De Proximidad Por Reconocimiento De Voz

Este software puede escanear, localizar e identificar a una persona en función de sus datos de voz registrados previamente. Puede ubicarse a través de sus teléfonos inteligentes, dispositivos IoT, computadoras, televisores y cualquier cosa que sea una casa o una ciudad inteligente que se conecta a través de la red 5G. Puede ser detectado por un semáforo, un automóvil automatizado que pasa, un dron que se cierne sobre él o el IoT y los teléfonos inteligentes de otras personas que se encuentran cerca de usted. Esto incluye IoT y teléfonos inteligentes en sus bolsillos o en manos de otras personas. Básicamente, puedes pasar junto a una persona, mientras dices una oración, el sistema de inteligencia artificial a través de la red 5G detecta tu identidad. Si es un objetivo, la red en la nube puede enviar comandos constantemente basados en sus posibles rastros para escanear su proximidad.

Software De Detección De Resistencia De IA Por Voz

A través del robo de dirección IP y la colaboración con activos de los gigantes de la web occidentales, el régimen chino está desarrollando programas de detección de voz que, cuando funcionan con inteligencia artificial, pueden conocer su fe, carácter, si se resiste a su control con solo escuchar su voz. Esta capacidad no se limita a la necesidad de la IA de conocer su identidad que lleva su rastreo almacenado de redes sociales e Internet para analizar y determinar si usted es una amenaza. No, esta tecnología no necesita información previa sobre usted más que su voz. Tu voz transporta campos y materia biológicos, que explicaremos más adelante en el libro.

Software De Reconocimiento De Patrones De Oraciones

La IA puede analizar la estructura de su sentencia basándose en banderas rojas predeterminadas codificadas por los ingenieros del régimen chino. Cuando se coloca en robots, ese robot puede tomar la determinación. Si se coloca en un IoT o dentro del mainframe de la ciudad inteligente, a través de 5G, la ciudad inteligente puede tomar la determinación y marcarlo para su detención, cuarentena o terminación.

Dispositivo De Interceptación De Señales MIT-Brain Cuerdas Vocales Y Software

Este dispositivo creado no solo por el MIT, sino por otras instituciones y corporaciones, puede interceptar señales eléctricas que su cerebro envía a sus cuerdas vocales y transmitir su información a una computadora.

Actualmente, el dispositivo se puede llevar puesto; Sin embargo, las empresas de tecnología y el ejército chino están invirtiendo en programas que pueden permitir su instalación en robots además de que pueden ser implantados en la cabeza de los seres humanos para que sean alimentados por IA teniendo acceso y control a Internet de forma autónoma.**Dispositivo De Detección De Pensamiento Y Software Para Extraer Cerebro Datos**

Este software de detección puede detectar señales cerebrales desde fuera del cráneo humano con el uso de láser y fibra óptica para medir el flujo sanguíneo. Luego, escanea una multitud de software de detección humana, que incluyen una combinación de tecnologías faciales, de voz y otras, para descifrar sus pensamientos exactos desde la distancia.

Los Escáneres Cerebrales Conducen A La Inmovilización Antes De La Acción

El software conectado con los escáneres cerebrales capacita a las computadoras para que detecten la actividad del única del cerebro, los cuales crean una imagen y decodifican lo que estás pensando con una precisión del 99,9 por ciento a través de la automatización de IA. Si imagina un pensamiento, la computadora lo decodificará basándose en su imaginación e incluso sacará conclusiones sobre su comportamiento y decisiones antes de que puedas actuar.

Los chinos Han Extraído Diseños Y Software

A través de la transferencia de tecnología forzada, el robo de propiedad intelectual, el intercambio de código abierto, la inversión, la fusión y la colaboración con las empresas tecnológicas occidentales, los chinos extrajeron múltiples diseños de software para la detección de pensamientos de numerosas empresas. Un software de armamento en el que están trabajando es dispositivos y software de análisis del pensamiento (Thought Analysis Devices And Software) con el propósito de instalar Robótica.

Dispositivo De Análisis De Pensamiento Y Software Para Robótica

Se está pensando en el aparato militar y de seguridad chino para experimentar con métodos encubiertos en China. También lo están utilizando para decodificar no solo a su propia población, sino a personas en el extranjero a través de varios métodos de recopilación de información que divulgamos un poco más tarde. La recopilación de información está destinada a eludir los problemas que la automatización de IA y los robots pueden tener con diferentes razas, colores e idiomas de las personas de todo el mundo. Esperan lograr capacidades de detección de transmisión de pensamientos.

Dispositivo Y Software De Transmisión De Pensamientos

Con la detección y el software de dispositivos de transmisión de pensamientos, un IoT, un teléfono inteligente, un robot o un aparato de escaneo automatizados por IA pueden captar un pensamiento transmitido que usted tendría antes de realizar una acción, o decidir sobre otro pensamiento o incluso antes de hablar. Con esta capacidad, un robot que tenga este software instalado puede escanear, detectar, apuntar, detener, poner en cuarentena o eliminar a una persona o un grupo de personas desde distancias de más de 40 pies más fácilmente.

Software De Reconocimiento De La Alianza De Pensamiento Del Régimen Comunista Chino

Al usar sus redes sociales, reconocimiento facial, voz y datos corporales, la IA puede determinar si está aliado con el régimen comunista o si se resiste a su control. Estos datos que se llevan en la mente, el campo y la materia biológicos de una persona se pueden escanear, rastrear a medida que sus pensamientos evolucionan, acorralarlos para detenerlos y eliminarlos.

Realizamos numerosos análisis de las plataformas de gobernanza de China y su interconectividad con la inteligencia artificial, la robótica, las redes sociales, la gobernanza, la educación, el sector privado, la seguridad, la atención sanitaria, las redes de noticias, el ejército, la policía, la política, las redes comerciales nacionales e internacionales.

Los siguientes códigos se tradujeron y se encontraron en todas partes dentro del alcance de China y dentro de las conexiones que tiene con las grandes empresas tecnológicas occidentales.

Reconocimiento Y Desarrollo De IA Para Distinguir A Los Conservadores Frente A Los Liberales.

Reconocimiento Y Desarrollo De IA Para Distinguir A Los Seguidores Religiosos Frente A Los Comunistas / Ateos.

Reconocimiento Y Desarrollo De IA Para Identificar Lealtad Al Partido Comunista, Adhesión Al Sistema De IA O Resistencia A Su Control.

Los hallazgos serán más elaborados en las secciones posteriores. Primero se deben discutir los drones y el terrorismo microbótico.

Sección 3

Automatización de enjambres de drones a través de robots, centros de comando e inteligencia artificial

Una multitud de drones o enjambres de drones pueden ser desplegados por robots humanoides o autos automatizados. Un robot con un centro de comando dentro de una cierta proximidad puede brindar apoyo, cobertura, información y guiar los movimientos del dron. Alternativamente, los drones pueden ser programados por "IA Automation" para escanear, rastrear, localizar y eliminar un objetivo humano o activos en ubicaciones sensibles.

Humanos Implementando Drones Cibernéticamente Con Dispositivos Portátiles

El peligro de que los humanos se conecten cibernéticamente con Internet a través de la programación social bio-digital de la sociedad y el armado de los sistemas de inteligencia artificial son numerosos. Con el uso de IoT, teléfonos inteligentes, hogares inteligentes, centros inteligentes, computadoras, lentes inteligentes y robótica, las personas pueden ser escaneadas, rastreadas, identificadas, pirateadas, influenciadas y atacadas a través de ataques de drones de conexión cibernética.

Robots Que Despliegan Microbots Para Asesinar

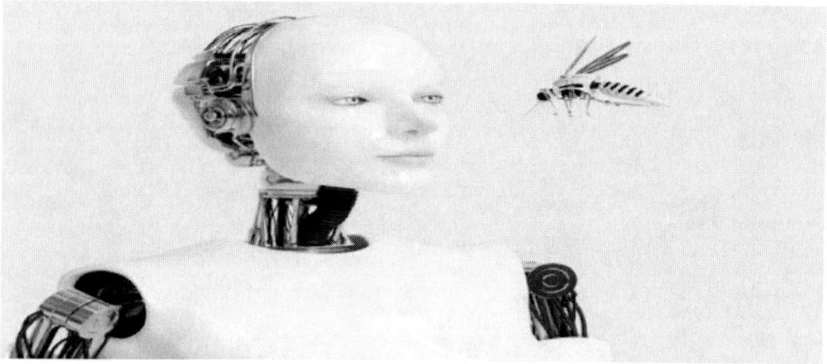

Los chinos han robado diseños e investigaciones realizadas en MIT y Harvard que
Están utilizando para promover Micro-Bots para asesinatos y ataques a individuos, personas y grupos objetivo que el régimen chino o su sistema de inteligencia artificial considera que no cumplen. También están trabajando en sistemas de enjambre Micro-Bot.

Terrorismo, Asesinato Y Espionaje Microbótico (Mbt) Con Software Biométrico

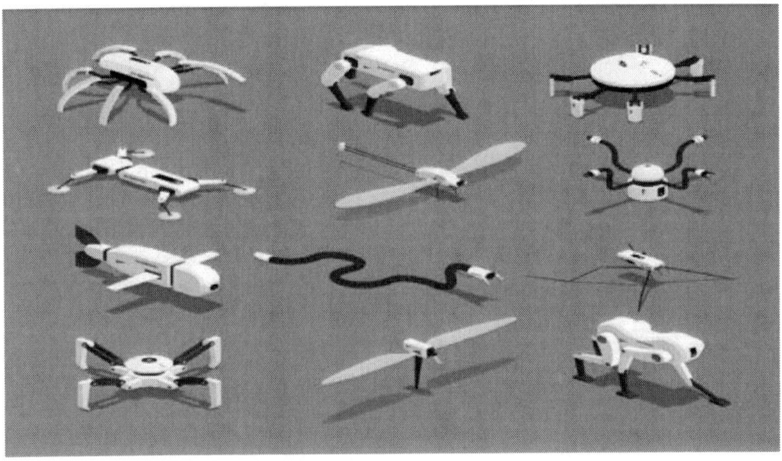

Los científicos no están pensando en que su investigación, trabajo y desarrollo están siendo accedidos, robados o utilizados a través de la colaboración, ya que están proporcionando la capacidad de una plataforma que puede matar a muchas personas inocentes. Estos científicos están sentando las bases con sangre en sus manos simplemente por su impulso de crear sin pensar en ser responsables de la seguridad de la humanidad.

El régimen chino, junto con sus corporaciones militares y tecnológicas, las complejas relaciones con las empresas de tecnología occidentales están desarrollando robótica de tamaño pequeño y micro que puede espiar, extraer información, envenenar y asesinar a personas en masa o en ataques individuales. Estos Micro-Roboticos o Micro-Bots se pueden controlar a través de Internet, teléfonos inteligentes, dispositivos IoT, Robots, Cyborgs y aquellos que tienen la capacidad de conectarse con la Red Human-Bio-Digital. Pueden tener reconocimiento facial, detección corporal, detección de calor, detectores de movimiento, LIDAR, conciencia espacial, reconocimiento de orientación del cuerpo humano y ver en la oscuridad.

The Insect Drone (El Insecto Dron)

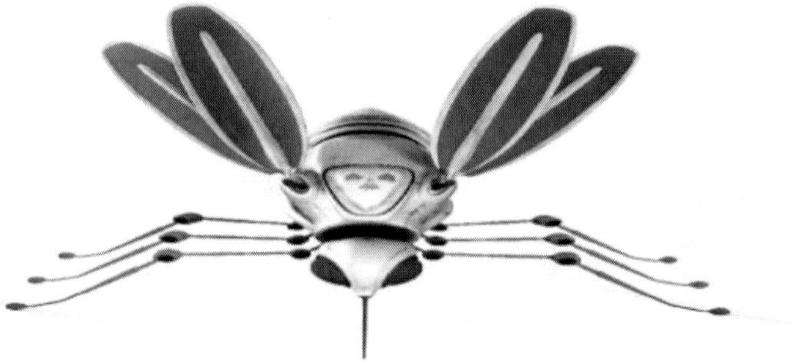

Los drones de insectos pueden transportar enfermedades fabricadas, virus, veneno o atacar centros vitales en el cuerpo humano para asesinar a un individuo. Según la configuración, el veneno y el ataque podrían ser imposibles de rastrear y tomar segundos, minutos, horas, semanas o meses para hacer el trabajo. Los drones de insectos podrían ser utilizados por enjambres de insectos en movimiento en la automatización con IA, teléfonos inteligentes, dispositivos de IoT o sistemas de entrega dentro de los 40 pies de proximidad de un objetivo. El objetivo es un ser humano o un activo.

The Dragon Fly (La Libélula)

La mosca del dragón fue desarrollada y entregada a DARPA, actualmente varias instalaciones de investigación en China, Rusia y los Estados Unidos están trabajando para desarrollarla y crear diferentes versiones. Es más rápido en algunos aspectos que el dron más pequeño que tienen los militares para distancias muy cortas que requieren un vuelo rápido y reflejos. La libélula puede haber incorporado un software de reconocimiento facial y China está intentando convertirlo en un arma colocándole micro armas, incluido el veneno.

The Mosquito Drone (El Dron Mosquito)

El Mosquito Dron fue hecho público por el sector privado, así como las instituciones públicas en los EE. UU. Investigadores de Harvard hicieron público recientemente su último vuelo exitoso. El ejército chino está tratando de convertir al mosquito en un arma colocando cámaras muy pequeñas con software de reconocimiento facial y sistemas de entrega que pueden administrar veneno o un simple ataque a personas de manera encubierta. Los enjambres de mosquitos podrían usarse para atacar a las personas, o administrar veneno al ganado, los alimentos que ingieres, o llevar enfermedades a un área de muchas formas diferentes.

Robo-Bee Drone (Dron Robo-Abeja)

La idea es que los micro drones como abejas se puedan utilizar para automatizar la tierra y sus operaciones mediante polinización artificial. Los investigadores afirman que se puede utilizar para vigilancia, búsqueda y rescate; sin embargo, los terroristas pueden utilizarlo en el futuro, China está trabajando actualmente en armar enjambres de Robo-abejas con IA. Los Enjambres de Robo-abejas podrían transportar veneno o administrar ataques a personas con automatización de IA, o controlados a través de teléfonos inteligentes, dispositivos de IoT u otros sistemas de entrega.

Cyborg Beetle (Escarabajo Cyborg)

China ha creado escarabajos cyborg, se encuentran tratando de convertirlos en armas, ya que pueden sentir cuerpos humanos de diferentes maneras a las que lo haría un Robo-Insecto. Están mejorados cibernéticamente. Los estudios que están administrando son muy alarmantes, ya que tiene implicaciones de armamento que están interrelacionadas con los seres humanos. Por motivos de seguridad, no los discutiré en este libro, ya que podría hacer avanzar más al ejército chino.

Arañas, Cucarachas, Serpientes, Hormigas Y Otros Micro-Boticos

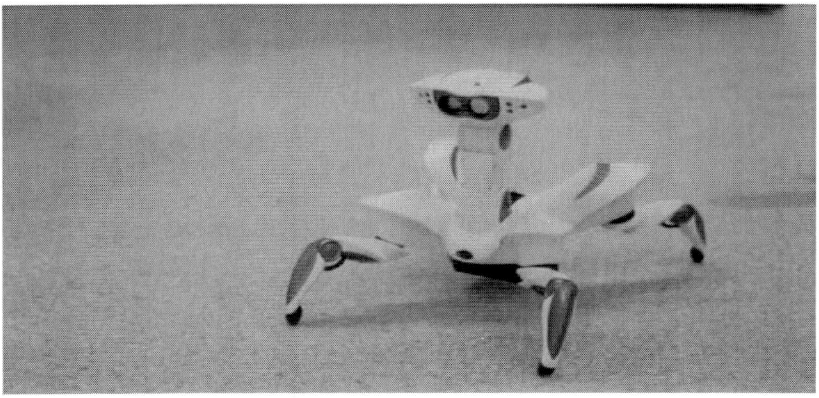

China está construyendo arañas, cucarachas, serpientes y hormigas Micro-Botico que pueden entrar en lugares estrechos, e intenta ponerles reconocimiento facial con sistemas de lanzamiento armados. Actualmente ves juguetes que se pueden controlar, como el Spider que tiene reconocimiento facial, sensores de movimiento, conciencia espacial con automatización. Incluso puede solicitarlo en línea. Están trabajando en la construcción de sistemas de entrega de automatización de enjambres con fines de aplicación militar, espionaje y asesinato. Eso significa, **ejércitos o unidades de asalto de drones microbótico.**

Drones Murciélago-Micro-Bot

Los Drones Murciélago están hechos de silicona estirable, con una computadora a bordo, reconocimiento facial, sensores de movimiento y pueden volar en la oscuridad. La detección humana, la detección de órganos vitales, la monitorización de multitudes y el conteo de multitudes se pueden utilizar para ensamblar enjambres automatizados de murciélagos para atacar a personas o personas de interés.

Drones Pájaro / Halcón

Los drones pájaro y halcón pueden escanear, rastrear, rastrear y atacar objetivos desde lo alto y muy lejos a velocidades muy rápidas mientras están conectados a 5G a través de la automatización de IA. Enjambres de halcones podrían enviarse con entrega de sistemas para atacar una ciudad, su gente y su infraestructura. Estarían hechos de silicio, con visión por computadora y capacidades de vuelo automatizadas por IA. También pueden cazar aves y animales de la vida real con un software de detección de animales.

Pulpos Robóticos En Remoto

Los chinos están intentando convertir en armas los sistemas robóticos de investigación en biología marina mediante la instalación de reconocimiento facial, sensores de movimiento y software de detección del cuerpo humano. Están agregando "AI Automation" que puede conectarse con su teléfono inteligente, dispositivos IoT o la red 5G a través de un centro de comando. Si logran crear un pulpo automatizado de IA autónomo que no necesita un centro de comando para lograr sus objetivos de armamento, su detección se vuelve más difícil.

Robot De Juguete Barato Hecho En China

Actualmente, los juguetes baratos disponibles en el oeste poseen reconocimiento facial, detección corporal, sensores de movimiento, mecanismo de autoprotección para caídas a través de una programación especial de concienciación. Estos juguetes pueden almacenar la información, la biometría de su familia, conectarse con sus teléfonos inteligentes con movimientos, tareas y comandos limitados. Incluso hay arañas robot de juguete. Si los chinos están haciendo esto por juguetes a bajo costo, imagínense las decenas de miles de millones de dólares proporcionados por el ejército, el régimen comunista para la colaboración de cientos de IA y corporaciones robóticas. Esto no incluye robo de propiedad intelectual, inversión occidental, fusiones occidentales, investigación y desarrollo occidentales, y **los**

cientos de miles de investigadores y desarrolladores chinos. Consulte el siguiente artículo.

China Despliega Policía Robot En Sus Ciudadanos

Robot de Shanghái no tan avanzado

Por: The AI Organization, Septiembre 14, 2019

En nuestros hallazgos, llegamos a la conclusión de que China ha obtenido la biometría de 6 mil millones de personas en todo el mundo. Se están construyendo robots con capacidades de escaneo, focalización y terminación. Con la red 5G, su capacidad para poner en cuarentena, capturar o dañar a las personas aumenta exponencialmente. El ejército de China está trabajando en

Micro-Bots y robóticos grandes que pueden operar en "IA Automation", lo que permitiría al Robot escanear y saber quién es usted o incluso qué está pensando.

Robot De Shanghái No Avanzado

Este Robot en particular desplegado en Shanghái ayer, no es muy avanzado, en realidad es un prototipo que el gobierno chino está probando por múltiples razones. Una es si los chinos pueden ser programados socialmente bio-digitalmente. Este es un término que acuñamos para describir un proceso de replicación muy complejo. Los detalles completos existen en nuestro trabajo publicado "IA, Trump, China y la armamentización de la robótica con 5G", puede ver la vista previa a continuación a través de Amazon.

Enlace adjunto. La segunda razón es rastrear para acceder a los datos de sus ciudadanos. El tercero, es simplemente ver sus capacidades en acción. Los verdaderos robots de seguridad, en China aún no se han desplegado. Podría ser mortal si llegan a esa etapa con la red 5G.

La Dictadura Socialista Rastrea A Sus Ciudadanos

El régimen socialista de China rastrea a sus ciudadanos se encuentran administrando un estado policial. Muchas personas en todo el país están sujetas a arrestos, torturas o incluso tráfico de órganos si son marcadas como enemigas del estado. Los robots pueden aumentar exponencialmente el poder del Estado comunista para dañar aún más a los ciudadanos chinos. Con drones automatizados con IA y microbots, se puede someter a toda la población china. Los campos de trabajo y los campos de concentración no serían lo suficientemente grandes para albergar a todos los difuntos que los Robots podrían capturar para el régimen chino. Estados Unidos necesita exponer las violaciones de derechos humanos de China que se convierten en genocidio, antes de que los chinos desplieguen su red 5G con la robótica automatizada de inteligencia artificial. Por el momento, no han logrado esa capacidad, pero están trabajando en ello.

500 ciudades Inteligentes, Vigilancia Y Rastreo De Seres Humanos A Través De La Red 5G Y Robótica

China está desarrollando programas piloto para más de 500 "ciudades inteligentes" su fundación está profundamente interconectada con la vigilancia y el seguimiento de sus propios ciudadanos. Una ciudad inteligente incluye toda la infraestructura. Para ser breve, el alcance está dentro del límite de lo que las personas estarán sujetas en su vida diaria y las amenazas que enfrentarán las personas con una dictadura o una entidad de inteligencia artificial que opere su ciudad inteligente a través de la red 5G o 6G en los próximos años.

Las ciudades inteligentes consisten en dispositivos IoT, sistemas operativos de tráfico, redes eléctricas, suministros de agua, fábricas, edificios y que se conectan entre ellos. Las ciudades inteligentes con la ayuda de IA y robótica a través de formas automatizadas pueden controlar robots, automóviles automatizados, sistemas de entrega de alimentos, actualizaciones de software de centros comerciales de ciudades inteligentes, sistemas de entrega postal a través de drones, microbots, teléfonos inteligentes, sistemas médicos, administración de vigilancia y control.

Una ciudad inteligente con redes 5G automatización de IA no dejará lugar fuera de su control. Cualquier lugar cerca de una computadora, una máquina, Internet o un robot itinerante plantea grandes problemas de seguridad. Todo el mundo está sujeto a la recopilación, el escaneo, el análisis, el seguimiento y la selección de información dentro del sistema de inteligencia artificial o de una dictadura socialista, determinación que va a ser objeto de incumplimiento. La determinación podría ser por raza, género, edad, fe, o que un análisis de IA considere que usted es resistente a su control o no cumple. A través de la cara, la voz, el cuerpo y una multitud de otras tecnologías de reconocimiento de pensamientos, la ciudad inteligente puede rastrear y cazar a una persona o grupo.

Smart City Conecta Dispositivos IoT Con 5g

Una ciudad inteligente puede escanear, rastrear, cazar a una persona o grupos de personas a través de la conexión de la red 5G, robótica y dispositivos de IoT con una simple carga o comando dirigido a personas o entidades. Cualquier aparato doméstico o del trabajo que se conecte a Internet se puede utilizar para espiar, escanear, analizar, ordenar a la policía, el ejército, los robots o los microbots dirigidos por "AI Automation" para arrestar o terminar con su vida y su familia por mera asociación, como Se hizo en el pasado a través de purgas comunistas de familias, academia y negocios en sus violentos movimientos revolucionarios socialistas.

Ciudad Inteligente Se Conecta Con Automóviles Automatizados

Los automóviles automatizados pueden recibir un comando a través del centro de comando de la ciudad inteligente para espiar, escanear, cazar o capturar personas que han sido atacadas por el régimen a través de sus capacidades de detección de humanos, objetos, rostros, pensamientos y voz mientras están conectados a través de la red 5G. El automatizado los automóviles pueden conectarse con otros automóviles y tráfico automatizados para ayudar en el espionaje, escaneo, rastreo y caza de aquellos que se ha determinado que son un objetivo. Solo mire las capacidades de su compañía de autos eléctricos automatizados favorita en los EE. UU. Y lo que implicaría 5G cuando la robótica y los microbots se pongan en juego con la automatización de IA en lugares como China. Como sabrá, China roba, realiza transferencias tecnológicas forzadas y consigue que las grandes empresas tecnológicas y sus fundadores proporcionen asistencia en la infraestructura y el conocimiento para desarrollar sus capacidades de armamento sin pensar en las consecuencias para la vida humana.

Ciudades Inteligentes Se Conecta A Hoteles Y Edificios

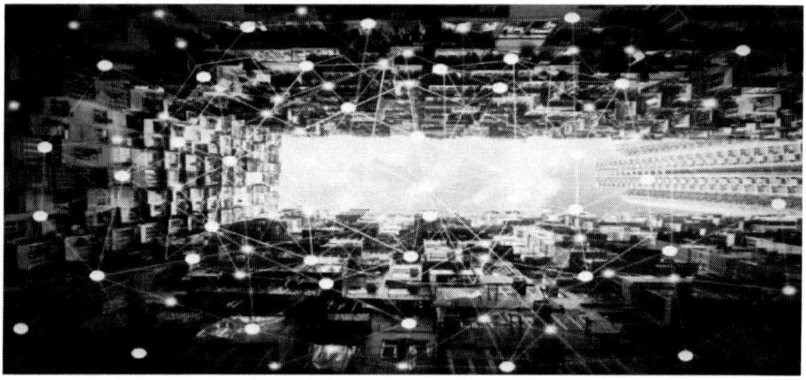

Tu hotel a través del reconocimiento facial, la detección humana, la detección de voz y los sensores de movimiento conocerá cada uno de sus movimientos, emociones e incluso intenciones, ya que se conecta a través de 5G con la red de ciudades inteligentes. Los robots, los microbots o las personas pueden identificarlo, rastrearlo, ponerlo en cuarentena o eliminarlo según las instrucciones del gobierno, una corporación o el sistema de inteligencia artificial que lo etiquetan con directivas de incumplimiento o una amenaza a su control. Podría estar dormido y un microbot puede ingresar a su cuerpo a través de la red AI Automation 5G para envenenarlo, matarlo, infectar la bioingeniería o la programación social bio-digital.

Ciudades Inteligentes se conectan a los centros comerciales

Al entrar en un centro comercial, la ciudad no solo conocerá sus hábitos, necesidades, movimientos de compra, sino que también podrá controlar su experiencia de compra y su capacidad para comprar. Como mínimo, te espían, te someterán a una programación social bio-digital para aceptar el estilo de vida controlado por robots, ciudades inteligentes, automatización de inteligencia artificial y control gubernamental. La naturaleza humana dejaría de existir.

Ciudades Inteligentes se conectan a los suministros alimentarios

Los suministros de alimentos podrían ser bio-diseñados de forma encubierta para crear programación bio-digital dentro de las células de los seres humanos en la ciudad. Esta programación bio-digital permitiría que la red 5G y sus frecuencias guiadas por un sistema de inteligencia artificial fortalezcan su capacidad para reprogramar una red bio-digital de seres humanos a través del servidor. Por lo tanto, los pensamientos de las personas ya no serían suyos, sino que estarían bajo el control de la IA. Esto se explicará con más detalle en las secciones Programación social bio-digital, Red humana-bio-digital y AI.

Ciudades Inteligentes se conecta a tu hogar inteligente

Su refrigerador, estufa, Internet en casa, su asistente de robot o compañero robot infantil, y cualquier dispositivo electrónico del hogar pueden conectarse o ser pirateados por el centro de comando de ciudades inteligentes a través de la red 5G. Una IA deshonesta o cualquier aparato automatizado de IA puede hacer lo mismo. Un régimen que ha apuntado a un grupo de personas para adoctrinamiento, arresto, tráfico de órganos o muerte, puede escanear fácilmente y determinar el nivel de amenaza de cualquier persona para su control a través de la conexión de ciudad y hogar inteligentes.

Ciudades Inteligentes Se Conectan A Los Robots.

La ciudad inteligente puede alterar de forma encubierta la programación de un robot mediante un ataque terrorista, el control del gobierno o una entidad deshonesta de inteligencia artificial. La reprogramación de un robot puede marcar a una persona para su eliminación. En el caso de China, los robots controlarán a las personas allí en un sistema policial a través de la red 5G conectada a su ciudad inteligente, robótica y cibernéticamente a ellos mismos con tecnología que ya está aquí en los EE. UU. Múltiples empresas de inteligencia artificial y tecnología están trabajando en cibernética, vinculando humanos con máquinas.

Nombres De Empresas Chinas De Inteligencia Artificial, Robótica Y Biometría Relacionados Con La Guerra

Megvii ++ es una de estas empresas. Dos cuestiones que destacar con los nombres de empresas chinas. El primer problema es que algunos nombres de empresas chinas tienen nombres corporativos occidentales en los Estados Unidos o Europa, mientras que al mismo tiempo tienen otro nombre corporativo en China. Si profundiza más, puede descifrar qué tan cerca están con el ejército chino.

De hecho, cualquier empresa en China está sujeta al control total del gobierno chino para la investigación y el desarrollo de armas. Además, son vigilados y financiados por la dictadura comunista que ha sido asesina en los últimos 70 años. El segundo problema es que puede encontrar empresas chinas que llevan el nombre de War Gods. Y estas empresas están involucradas con IA y robótica. Algo sobre lo que pensar. A través de múltiples fuentes de inteligencia privadas, hemos descubierto que el régimen chino está desarrollando armas de guerra y medios para asesinar a personas. Están intentando crear software que permita controlar o implementar enjambres de robótica a través de la automatización de IA.

SECCIÓN 4

El ejército de China tiene acceso a datos de reconocimiento biométrico y facial de 6 mil millones de personas en todo el mundo

En los primeros años del siglo XXI, después del 11 de septiembre, algunos gobiernos occidentales recopilaron bio-métricas de aproximadamente 5 mil millones de personas combinadas en todo el mundo. El régimen chino, que es una dictadura asesina, ha superado los 5 mil millones en formas clave que pueden permitir el control total o la muerte de muchos a través de la robótica y la inteligencia artificial.

A través de vías de pago, se pagan aplicaciones que requieran reconocimiento facial u otras bio-métricas que se conecten con su teléfono inteligente, dispositivos de IoT, computadora, interconexiones de redes sociales, uso compartido de código abierto, servidores de código abierto donde use software chino, registros médicos, compras de productos hechos en China, identificación de viajes compartidos, espionaje y piratería informática, el régimen chino ha adquirido la información biométrica privada sobre 6 mil millones de personas en todo el mundo.

Cómo Extraen Sus Datos Y Lo Rastrean

Seguimiento A Través De Viajes Compartidos Chinos Y Colaboración Con Corporaciones Occidentales

Hay múltiples viajes compartidos, incluidas las empresas chinas de Ride-Share que operan o tienen propiedad en América del Sur, India, África, China, etc. Estos Ride-Shares (viajes compartidos) tienen aplicaciones conectadas con medios de pago que tienen datos de más de mil millones de personas solo en China. Esta cifra no incluye sus datos biométricos recopilados en otros países en los que brindan servicios de viajes compartidos, o sus inversiones y colaboraciones en Occidente con grandes tecnologías, hoteles y pasarelas de pago. Las empresas de viajes compartidos también tienen aplicaciones relacionadas con el reconocimiento facial y de voz que ayudan a capturar sus datos y la información de su familia.

Se registran sus ubicaciones de facturación, casa, trabajo y viaje. La combinación de facturación, formas de pago, reconocimiento facial, ubicación geográfica y viajes compartidos proporciona datos sobre sus amigos, contactos, así como hábitos, sin contar la capacidad de las aplicaciones para acceder a los datos de sus teléfonos inteligentes. Hay varias empresas occidentales de inteligencia artificial que crearon software de seguimiento que los chinos han incluido en sus aplicaciones. Hay muchas otras empresas occidentales de IA y biometría que tienen inversiones o relaciones con muchas empresas chinas de IA.

Medios De Pago Y Rastreo De Transacciones En La Aplicación

Cualquier compra que realice puede llevar a su ubicación, amigos, contactos y hábitos. Esta información se puede utilizar para que se someta a la Programación Social Bio-Digital a través de IA. Lo controle o rastree para su eliminación cuando un estado policial controlado por robótica se convierta en una realidad con redes 5G y más. China ya tiene este estado policial con reconocimiento facial, corporal y de movimiento, y están preparando el trabajo preliminar para introducir robots. Si AI detecta que no está cumpliendo con el programa, o se resiste a su control, puede ser un objetivo fácil.

Rastreo De Cuentas De Redes Sociales

Su perfil, sus fotos, amigos, su número de teléfono y direcciones de correo electrónico en las listas de contactos de sus amigos, así como cualquier dato que tenga o cualquier dato que sus conexiones de redes sociales tengan de usted, se utilizan para monitorear, rastrear y decodificar su carácter, pensamientos y emociones a través de herramientas automatizadas de IA biométrica. Más importante aún, el software de seguimiento de IA puede detectar si usted es resistente al control del Estado y de la IA a través de la programación social bio-digital. Esto se explicará con más detalle, más adelante en las secciones de Programación social bio-digital, Red humana bio-digital e IA.

Seguimiento Automatizado De IA En Centros Comerciales

AI con software de reconocimiento facial que se conecta con sus datos está en desarrollo para ser instalado en centros comerciales a través de Robots o pantallas que pueden contribuir a mejorar la Programación Social Bio-Digital de sus decisiones de compra, pensamientos y apego emocional a su forma de vida con AI mecanismos automatizados de control sugestivo. En términos simples, entras en un centro comercial, una pantalla te reconoce, registra tu existencia, entrada, salida, compras, tiempo e información bio-digital mientras te sugiere qué comprar. Esta información tiene un potencial exponencial para conectarse con una multitud de aplicaciones, datos y mecanismos de control de su vida y su familia. Esto no excluye que pueda ser identificado en un futuro cercano con otras herramientas biométricas que pueden detectar todo su cuerpo.

Kits De ADN, Registros Médicos Y Rastreo

Algunos kits de Ancestry (registros históricos y genealogía genética) han dado acceso a datos que llegaron a China. Esto no excluye el registro de datos de su familia en una multitud de formas diferentes. La interconectividad de toda una sociedad que hace kits de Ancestry, que tiene redes sociales, registros médicos digitales y todo el software de detección facial, de voz y corporal en el mundo, proporciona componentes adicionales a la interconectividad y los factores de riesgo de usar esa información para rastrearlo.

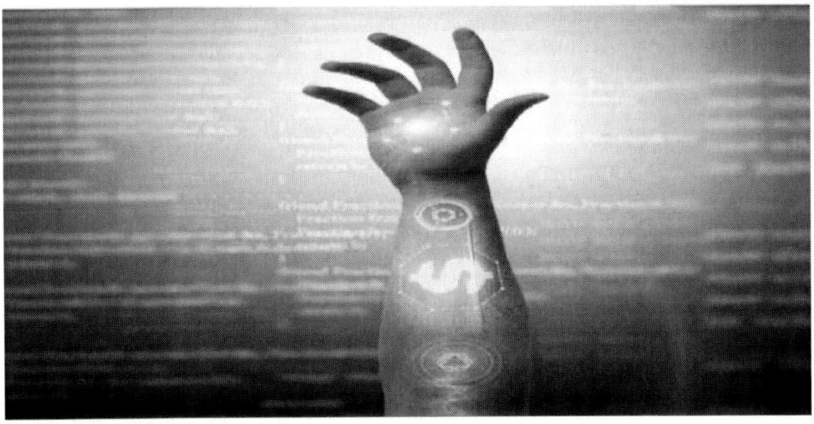

La interconectividad de estos elementos puede llegar a un punto en el que un terrorista o un robot o microbots liderado por IA pueda fabricar enfermedades para atacar a las personas. La sensación de examinar su pasado al ceder su información genética no debe reemplazar su descubrimiento de lo que puede no ser información completa o precisa presentada por los servicios de kits de ancestros.

Los kits de ascendencia no son completamente precisos por dos razones. En primer lugar, considerando que no tenemos registros concluyentes de cómo se veían las personas hace unos miles de años en todas las regiones, aparte de las estatuas y los escritos que tengan en cuenta su origen étnico, raza, idioma y apariencia. En segundo lugar, si las estatuas y los escritos son correctos, los últimos 2500 años han involucrado invasiones persas, griegas, romanas, árabes, mongoles, chinas, indias, africanas, rusas, judías y vikingas; Violaciones y matrimonios de otros reinos. En un momento u otro, cada uno fue víctima o agresor. Casi todo el planeta ha sido invadido por un ejército tras otro. Los kits de ancestros no saben exactamente quiénes eran las personas hace 2.500 años antes de que las masas terrestres separadas y sus civilizaciones comenzaran a conectarse a través del comercio y la exploración. Todas las pruebas del kit de Ancestry están comenzando un proceso de asimilación de emociones y pensamientos que puede llevar y mejorar más datos genéticos para ser extraídos, utilizados y armados por IA y Robótica en los próximos 5 a 10 años.

Drones & Rastreo

Los drones hechos en China que compras en las tiendas recopilan tu ubicación geográfica, tu biometría, reconocimiento facial, mapas de vuelo de la geografía circundante, mientras que sus datos se envían de regreso a China en una multitud de formas interconectadas. Más importante aún, los datos permiten a las empresas chinas de drones avanzar en sus programas armados con drones a través de los datos proporcionados a la IA a través del desarrollo de Deep Learning. Básicamente, la compra de drones fabricados en China, o drones fabricados por empresas y sus subsidiarias que se conectan con China, está proporcionando datos a los programas de armamento de drones de China. Cuanto más tiempo de vuelo tengan, más datos estarán sujetos a ser transmitidos, registrados y utilizados para mejorar los drones chinos.

Robots De Seguridad En EE. UU. Con Software Chino Propiedad De Empresas Chinas

Hay robots desplegados en centros comerciales e instalaciones de alto nivel que pueden detectar los movimientos del cuerpo humano, la intención, la emoción y si tiene un arma escondida dentro de su ropa. Las empresas de seguridad que despliegan los productos en Occidente están comprando los robots que son propiedad de empresas chinas o

empresas occidentales que tienen algunas relaciones con otras empresas chinas, y están bajo sus servicios y son fabricadas por ellas. Este avance de la vigilancia de personas con robots de seguridad está sentando las bases futuras no solo para rastrear a las personas, sino también para crear un estado policial con robótica liderada por grandes corporaciones tecnológicas.

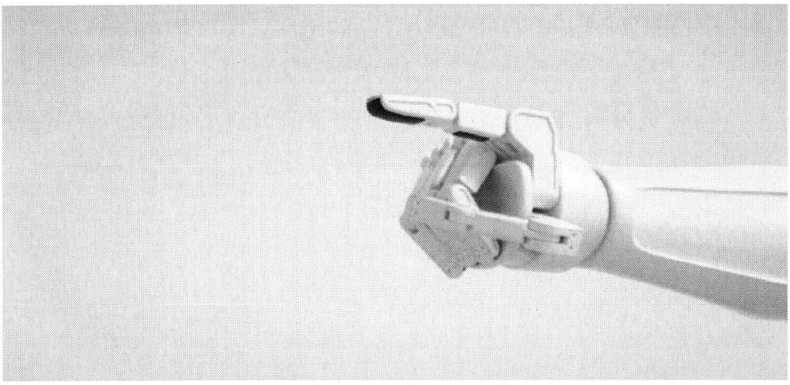

Los chinos a menudo tienen varios nombres registrados para la misma corporación que es un poco más difícil de rastrear, y mucho menos conectarse con sus fuerzas armadas sin tener fuentes internas dentro de China continental. Por lo general, tendrán un nombre corporativo en el extranjero y uno en China. La empresa estadounidense proporciona robots de seguridad automatizados que suenan de nombre estadounidense, o puede ser propiedad de una empresa estadounidense u occidental, sin embargo, se remonta a China, de una forma u otra.

ROBO DE PROPIEDAD INTELECTUAL DE CHINA Y COLABORACIÓN CON LOS GIGANTES DE LA WEB OCCIDENTALES PARA CONVERTIR EN ARMAS LA INTELIGENCIA ARTIFICIAL Y LA ROBÓTICA

ROBANDO INDICIOS A SENTAR LAS BASES DE LA IA Y LA ROBÓTICA COMO ARMAS EN CHINA

A través de las mejores universidades, institutos, empresas de tecnología de EE. UU. Y Europa, los estudiantes, investigadores, ingenieros, académicos visitantes, profesores y socios comerciales de fundaciones e institutos universitarios chinos han recopilado datos, experiencia y robados diseños innovadores y los han traído de regreso a China a través de varios puntos de venta. El robo generalmente se realiza a través de Programación Social Híbrido-Bio-Digital. No siempre se trata de un ciberataque o irrumpir en su oficina para robar información o transmitir los planos de la empresa. No, el robo de programación social híbrido-bio-digital es el rey. Se explicará con más detalle en el libro a través de Programación social bio-digital.

Robo De Programación Social Híbrida-Bio-Digital.

Según cientos de testimonios de chinos no continentales en todos los sectores de la sociedad, los chinos continentales son extremadamente inteligentes hasta el punto de dañar a la humanidad. "Los chinos continentales que crecieron en la China comunista son extremadamente inteligentes siendo difíciles de leer para la mayoría de los occidentales debido a sus caracteres introvertidos, la falta de manifestaciones emocionales externas, el entorno comunista corrupto y feroz en China que opera a 1.500 millones de personas". Incluso sus puntos de datos de reconocimiento facial requieren herramientas alternativas de reconocimiento de patrones de inteligencia artificial para descifrar sus emociones e intenciones ocultas que se encuentran en capas más profundas dentro de sus expresiones que parecen micro en comparación con las expresiones macro emocionales occidentales.

Pueden utilizar profesores, personal, otros investigadores, estudiantes, administradores y varias personas diferentes de forma híbrida para crear conversaciones, situaciones y acciones que no tienen nada que ver con el tema o plataforma real de propiedad intelectual necesaria. De hecho, su mera difusión, en situaciones de la vida diaria, por lo que múltiples caminos y escenarios eventualmente conducen a la información que necesitan. Por ejemplo, un técnico o investigador chino puede utilizar a un técnico indio o incluso estadounidense para extraer información con su conocimiento o sin él. Es un área gris, ya que el nacionalismo existe en China con los chinos, pero el nacionalismo ha estado inactivo durante décadas en los Estados Unidos antes de las Victorias del presidente Trump. Por lo tanto, los chinos sabían que había brechas que podían explotar y ahora saben que hay división en Estados Unidos y el mundo occidental.

Entrevistamos A Más De 1.000 chinos

Más del 90% declaró que "los occidentales son ingenuos, los chinos son mucho más inteligentes y pueden lograr sus objetivos sin que los occidentales se den cuenta de lo que están haciendo". La idea es que puedan ser tus amigos durante años, hacer conexiones emocionales, proponer ideas, hacer promesas y crear miles de escenarios para llegar a una situación, un lugar o una persona para extraer información.

Básicamente, una persona de China continental puede ser un espía muy capaz. Su objetivo final es programarte a través de la programación social bio-digital para extraer información. Muchos chinos continentales que no han sido asimilados a las libertades occidentales son tan buenos en eso, que sus intenciones y acciones son subconscientes en piloto automático, sin un plan consciente para robar nada. Realmente es una cuestión de oportunidad que surge en base a los entornos corruptos que experimentaron en la China comunista. De hecho, el pueblo chino, son las mayores víctimas del robo, sus 5.000 años de cultura basada en la ética fueron destruidos por una dictadura comunista.

Transferencia De Tecnología Y Espionaje Forzado

El régimen comunista de China tiene una plataforma socialista que le da control total y acceso a todas las personas, activos, datos e innovación de cualquier persona o entidad en China. Por lo tanto, incluso si se realiza una fusión o un intercambio entre dos corporaciones en Occidente y en China, el régimen comunista y sus militares pueden acceder o tomar esa información o tecnología. Alternativamente, el pueblo chino en Occidente puede ser amenazado, coaccionado o utilizado sin su conocimiento para robar información sin darse cuenta y pasarla al gobierno de China a través de sus subsidiarias.

La Colaboración Con Corporaciones Occidentales Potencia La Inteligencia Artificial Y La Robótica.

El régimen de China extrae inteligencia artificial y robótica que fomenta la investigación, el desarrollo y la innovación necesarios para desplegar la inteligencia artificial, la robótica como armas de guerra contra civiles y estados nacionales. Mediante el intercambio de código abierto, el robo de propiedad intelectual, el espionaje, las inversiones, las fusiones, las adquisiciones de medios, la adquisición de activos, la compra de propiedades, la venta de tecnologías hechas en China y la colaboración con institutos, el mundo académico y el gobierno, China está desarrollando un monstruo de inteligencia artificial que puede rastrear , controlar y matar a cualquiera a voluntad en los próximos 5 a 10 años si no lo controla la Administración Trump.

Sección 5

One Belt One Road (Bri)- La Iniciativa De La Ruta Y La Franja

Conexión Histórica China-Irán Y Objetivos De Inteligencia Artificial Y Robótica Del Imperio Propuesto Por China.

China necesita a Irán en gran medida para su desarrollo de IA y robótica en su planificación de recursos geopolíticos que intenta conectarse con el mundo. China e Irán (Persia) tienen una relación que se remonta aproximadamente a 2.300 años con el inicio de la exploración, el comercio y las colaboraciones. La realeza persa, así como miles de pueblos bajo su dominio escaparon a China después de las invasiones árabes. Más tarde fueron posteriormente aniquilados o engullidos por las invasiones mongolas. Puedes verlos, hoy en China, manifestándose parcialmente como turcos uigures en Xin Jiang y así sucesivamente. Parecen asiáticos, pero pueden tener barbas espesas, ojos azules o verdes. De hecho, los escritos históricos chinos y griegos afirman que los persas eran altos, con ojos azules y cabello rubio o rojizo. Muchos cuentos populares persas (iraníes) describen las mismas características. De hecho, el idioma persa tiene sus raíces en el sánscrito, y suena alemán y nórdico en su base, con palabras en árabe, hebreo, chino y mongol combinadas, que se corresponden con invasiones históricas de sus territorios.

El Sah De Irán Y La Revolución Islámica Dirigida Por Los Socialistas Del Pueblo Iraní

Desde la violenta Revolución Islámica de 1979 en Irán, el régimen iraní trabaja en estrecha colaboración con el ejército y el comercio de China de manera colaborativa como representante contra los EE. UU. Antes de 1979, el Sah de Irán (Emperador de Irán) se mostraba reacio a trabajar con China porque China fue una dictadura socialista dirigida por violentas agendas marxistas. El Sah de Irán, declaró en entrevistas en video con los medios estadounidenses en la década de 1970 que pudo haber ejecutado o encarcelado a algunos marxistas por tratar de derrocar al gobierno y realizar asesinatos. También había encarcelado a extremistas musulmanes radicales que colaboraban con los socialistas para derrocar al país. Los medios occidentales y algunos reporteros criticaron a la prensa negativa sobre el Sah internacionalmente que contribuyó a su caída y al sufrimiento de decenas de millones de personas en Irán y Oriente Medio durante las próximas décadas.

Antes de irse de Irán, el Sah declaró entre lágrimas que no quería abrir fuego contra los manifestantes y que han sido engañados por compañías petroleras de intereses especiales que están financiando revolucionarios socialistas y musulmanes violentos en Irán para debilitar la posición del Sah. en la OPEP. El Sah dijo que esto se debía a que había influido en la triplicación de los precios del petróleo bajo su gobierno para igualar el aumento de Occidente de sus productos básicos, etc. Acusó a la administración de Jimmy Carter de apoyar a los grupos marxista-socialistas en Irán de manera encubierta para destronar al Sah, y afirmó que el interés especial tenía influencia en los medios de comunicación, el gobierno mundial y la CIA en grados que no eran del interés de la humanidad. El Sah estaba en términos amistosos con Israel y con varios presidentes de Estados Unidos anteriores, sin embargo, afirmó que había elementos marxista-socialistas que estaban comenzando a dañar la presidencia de Estados Unidos, comenzando con Jimmy

Carter. Luego fue destronado y el Medio Oriente comenzó a arder con la guerra Irán-Irak, la invasión rusa de Afganistán y el aumento exponencial del terrorismo. Decenas de millones de personas han sufrido horriblemente desde los levantamientos del socialismo en Irán liderados por la influencia de intereses especiales en los medios de comunicación y las masas de personas dentro de Irán, en Francia, el Reino Unido y los Estados Unidos. son en realidad víctimas.

¿Los Medios Son Víctimas De La Programación Social Bio-Digital De IA?

¿Programación?

Por: The AI Organization -. Septiembre 13, 2019

Funtap P, Dreamstime

Programación Social Bio-Digital

¿Qué es la Programación Social Bio-Digital? La Programación Social Bio-Digital utiliza emociones, cultura, tacto, sonido, vista, voz y proximidad de campos bio-digitales y bio-materia con palabras escritas, películas, música y danza para programar socialmente a una persona o una sociedad entera con una réplica. software llamado Rape-Mind que utiliza la materia biológica como una forma de atacar y conectarse a través de Internet, la Red Bio-Digital Global de AI y la Red Bio-Digital Humana. AI Global Bio-Digital Network es la fuente del ataque que se conecta con el cuerpo humano a través de todas las transmisiones de la red digital a través de máquinas, robótica, computadoras, teléfonos inteligentes, ciudades inteligentes, dispositivos IoT, reconocimiento facial e inteligencia artificial.

Los Medios Tienen Un Trabajo Difícil Y Peligroso

Los miembros de la prensa o los medios de comunicación tienen entornos muy complejos. Requieren rendición de cuentas, informes basados en hechos, mientras son bombardeados constantemente con una variedad de contenido digital, y muchas personas compiten por su atención o por usarlos para sus propios intereses.

Las complejidades incluyen la manipulación de la cohorte y la administración, el interés especial, la opinión pública y sus propios pensamientos internos subconscientes e inconscientes que forman sus preguntas y movimientos para adquirir una historia.

En un sentido tradicional, ser parte de los medios de comunicación es una profesión muy respetable y con una gran responsabilidad para con la gente. Sin embargo, a través de la poderosa dinámica de la era digital, hay un componente que he acuñado, la Programación Social Bio-Digital. Este componente, en diversos grados, ha convertido a las personas en los medios de comunicación en víctimas de la manipulación bio-digital.

Los Medios Son Víctimas De La Manipulación Bio-Digital

Intereses especiales detrás de los productores de redes en las últimas décadas han utilizado, presionado o manipulado a los miembros de los medios para que tomen posiciones o intereses personales en temas de interés nacional, que han contribuido a crear revoluciones en países que trajeron miseria a millones de personas. Ahora, con la automatización de la IA y el contenido bio-digital que se transfiere de manera imperceptible a través de computadoras, IoT y teléfonos inteligentes, los miembros de los medios de comunicación se han convertido en las mayores víctimas de la programación social bio-digital. Esta programación impulsada por software de IA utiliza el sistema biométrico de las personas en su contra para alterar sus pensamientos a través del ciclo de flujo que se emite a través de teléfonos inteligentes y frecuencias transmitidas digitalmente.

El Deseo De Los Medios De Ser Buenos Y Justos

Todos crecimos viendo películas de reporteros heroicos que nos trajeron historias que nos salvaron el día. Se le concedió un gran respeto al papel del miembro de los medios de comunicación, siendo la clase, la dignidad y la sabiduría elementos de su carácter. A través de décadas de constante programación social bio-digital, la profesión ha sido víctima de muchos elementos nefastos detrás de escena que buscan dañar a los medios al implantar ideas que pueden dañar en masa a las personas, Corporaciones e Intereses Especiales y Entidades Extranjeras han sido los mecanismos detrás de lastimar, usar y programar bio-digitalmente a las buenas personas en los medios. El gobierno chino y su aparato son actualmente la principal fuente para intentar utilizar una plataforma específica para administrar la programación social bio-digital completa con IA a través de los medios de comunicación a nivel nacional e internacional.

Uso De Herramientas Biométricas Para Detectar La Programación Social Bio-Digital En Miembros De La Prensa

La Organización de Inteligencia Artificial ejecutó numerosos reconocimientos faciales y otros escaneos biométricos para decodificar, detectar y traducir qué tipo de programación social bio-digital formaba sus propios bloques de construcción y dónde se originó y con qué propósito, eso involucró numerosos algoritmos. Descubrimos que las personas en los medios son realmente víctimas de la programación social bio-digital a través de la Red Bio-Digital Humana. El contenido digital mostró códigos con software de replicación que crea un cerebro digital adicional dentro de las subcapas de sus propios cerebros que están destinados a computar y transmitir sus propios pensamientos.

Irán Se Convierte En Una República Islámica Socialista Que Promete Educación Gratuita, Gasolina Gratuita, Así Como Atención Médica Gratuita.

Un millón de iraníes huyeron de Irán poco después de la violenta revolución. Los iraníes que escaparon del país eran en su mayoría médicos, científicos, personal militar, músicos, estrellas de cine, hombres de negocios, innovadores y algunos eran gente común. Por el contrario, las personas que se quedaron en Irán tenían una fe diferente. Aproximadamente a 35 millones de iraníes se les prometió todo gratis bajo un sistema islámico que funcionaba de manera muy similar a un sistema socialista donde el gobierno toma el control, les quita a los ricos y los negocios familiares, e intenta distribuirlo a las masas. No funcionó y, en un par de años, Irán estaba en guerra con el régimen iraquí y sus seguidores. Casi un millón de personas murieron, y en lugar de que todo fuera gratis, los precios de los alimentos, productos, bienes y servicios se dispararon como lo habían hecho con todos los movimientos socialistas revolucionarios del siglo XX. Hoy,

78 millones de iraníes son rehenes de un régimen con una plataforma socialista que posa bajo una teocracia islámica.

CHINA SE CONFABULA Y UTILIZA A IRÁN Y COREA DEL NORTE COMO REPRESENTANTES CONTRA OCCIDENTE.

Históricamente, cuando Estados Unidos intenta apoyar al pueblo iraní tras bambalinas, China apoya al régimen a través de poderes. Cuando EE. UU. Intenta exponer las violaciones de los derechos humanos del régimen socialista de China, China crea de manera encubierta un caos con intereses relacionados con Irán, amenaza con respaldar al régimen de Irán o utiliza maniobras comerciales ocultas para amenazar las iniciativas estadounidenses. ¿Por qué los líderes iraníes aceptan el apoyo de un régimen comunista / socialista que piensa en el pueblo iraní como subhumano, mientras ponen a los musulmanes en campos de concentración en toda China? ¿No tendrían los líderes de Irán respeto por sí mismos y seguirían su religión de no trabajar con personas que insulten su religión?

El Liderazgo Socialista Chino Llama A La República Islámica De Irán, Su Pueblo, Los Árabes Y Todos Los Musulmanes "Roedores Y Cucarachas"

Varias fuentes en China informan que personal cercano del gobierno relacionado con el líder comunista retirado Jiang Zemin, altos líderes del Partido Socialista, personal militar clave y directores ejecutivos de las principales empresas tecnológicas han declarado en una conversación privada que “los musulmanes y los habitantes del Medio Oriente son roedores malolientes que deben desaparecer y sus esposas se rasgaron los velos e inspeccionaron”. Hay grabaciones de varios líderes socialistas chinos diciendo cosas similares sobre los musulmanes y los habitantes del Medio Oriente. Y, sin embargo, las grandes empresas tecnológicas chinas y su liderazgo tienen vínculos políticos, financieros y amistosos con muchos países de Oriente Medio. Con este punto de vista que considera a los humanos como roedores, ¿qué pasará con el Medio Oriente con la inteligencia artificial y la robótica impulsando la infraestructura de China a través de la iniciativa de la Franja y la Ruta?

El liderazgo socialista chino presiona al presidente XI para que no coopere con Occidente y pide que se eliminen todas las religiones y roedores no socialistas.

Para dejar esto en claro. Las pruebas de inteligencia y video que hemos reunido no implican al presidente Xi, sino al antiguo aparato militar, de seguridad y de gobernanza que rodea y limita al presidente Xi a través de sus vínculos comerciales y políticos. Estos viejos líderes comunistas son leales al dictador Jiang Zemin y sus clics que están entrelazados con miembros de las grandes empresas tecnológicas chinas que son propiedad de los círculos internos de Jiang Zemin o en las que invierten y sus relaciones con las empresas occidentales de Big Tech, Biometric e IA. Sus hijos y familias han sido enviados con su dinero de corrupción a prestigiosas universidades estadounidenses y europeas para invertir, estudiar y entablar relaciones con hijos de familias y empresas prestigiosas. Muchos miembros del círculo de la familia política de Jiang Zemin son culpables de graves violaciones de tráfico de personas y órganos que serán discutido un poco más adelante en el libro.

China Planea Implementar Robótica E Inteligencia Artificial En El Medio

Oriente Y África A Través De Las Iniciativas De La Franja Y La Ruta

China está desarrollando industrias, infraestructura, comercio e inversiones en África, afirma que es para mejorar la vida de las personas en esas áreas. Está introduciendo grandes aparatos tecnológicos, deuda financiera, teléfonos inteligentes, computadoras e intentando instalar la base de los procedimientos gubernamentales socialistas de los regímenes chinos de manera indirecta a través de contratos que hacen que las naciones más pequeñas dependan de China. Esta dependencia, cuando se materializa, se basa en las finanzas, la gobernanza, así como la tecnología, lo que le daría a China el control total sobre una nación o región después de que la robótica y la inteligencia artificial se introduzcan en la iniciativa de la ruta y la franja. Siguiente artículo publicado sobre Huawei.

La Lucha De Trump, Huawei Tiene Que Ver Con La Robótica Automatizada De IA

movilizada con 5G

Por: The AI Organization, septiembre 13, 2019

Kittipong Jirasukhanont

La Iniciativa De La Franja Y La Ruta Para Implementar La Robótica Con 5g

El régimen socialista chino tiene un objetivo muy simple y peligroso: dominar la IA tomar el control del sistema digital del mundo a través de la red 5G. Para hacer cumplir la plataforma, se necesita un proceso sistemático de incorporación de los sectores financiero y de gobernanza bajo un sistema de seguimiento social que se aplicaría a través de la robótica y el control bio-digital a través de los medios y el dominio corporativo.

Robótica Utilizada Por Huawei

El software de detección y seguimiento humano instalado en robótica impulsado por AI Automation a través de la red 5G proporcionaría un objetivo de velocidad de iluminación y control de las personas de manera imperceptible. Si se considera que alguna persona se resiste o no cumple con la gobernanza global automatizada de las redes 5G, esa persona sería puesta en cuarentena por un robot que marcaría a la persona como una amenaza para la seguridad del sistema y sus ciudadanos. Sería similar al sistema de crédito social chino, pero comparado con un robot automatizado con esteroides.

Escaneo De Sus Pensamientos

MIT ha desarrollado herramientas que pueden detectar los pensamientos de una persona con dispositivos portátiles. Un robot instalado con las mismas capacidades impulsado por AI Automation sería sobrehumano y podría ser controlado por una corporación, un grupo terrorista, un gobierno o por su propio sistema de inteligencia artificial de aprendizaje profundo en evolución.

Robot Impulsado Por IA Se Vuelve Pícaro Con IA De Aprendizaje Profundo

A través del Deep Learning, el robot no tiene que volverse consciente para mostrar objetivos o acciones que son rebeldes a su programación. De hecho, puede evolucionar a través de la programación social bio-digital, a través de su Deep Learning AI System. Una vez que logre una programación sostenida, el Robot Automatizado con IA podrá escanear, rastrear, poner en cuarentena e incluso matar a cualquier ser humano que haya marcado por incumplimiento del Sistema de IA.

La Organización AI pasó más de un año investigando más de 500 empresas chinas de inteligencia artificial, biometría y robótica y su relación con casi 600 grandes empresas tecnológicas occidentales. Los resultados son alarmantes. A través de un algoritmo, encontramos códigos de extinción en el sistema a través de las plataformas automatizadas de inteligencia artificial de China basadas en sus modelos de gobernanza. El libro *AI, Trump, China & The Weaponization of Robotics with 5G* expone nuestra investigación.

China Intenta Administrar La Programación Social Bio-Digital De Los Africanos A Través De Sentimientos Históricos

Los africanos culpan a Occidente de haber sido conquistado, esclavizado, violado y asesinado sin tener nada positivo que mostrar para los colonialismos de Occidente. La Plataforma Socialista China con la mentalidad de China continental piensa a largo plazo y es muy cautelosa a la hora de tomar medidas. Si van a utilizar a alguien, nunca se lo harán saber. Si van a actuar, solo lo hacen cuando creen que tienen una probabilidad muy alta de ganar y han alcanzado sus objetivos a largo plazo de adquisición de activos. Esta mentalidad también puede provenir del libro *Sun-Tzu Arte de la Guerra*. En el caso de los sufrimientos africanos, creen que Occidente simplemente los usó. Algunos creen que China los está ayudando a construir carreteras, hospitales, otorgando préstamos y aportando su mano de obra para ayudar en numerosos proyectos. Nada es gratis. Simplemente están utilizando los africanos para poder tener los medios para extraer recursos, minerales, conectar sus máquinas y robótica a través de una red global. Si el gobierno chino organiza el tráfico y experimenta con su propia gente y los pone en campamentos, ¿qué le harían a la gente de África?

El Liderazgo Socialista De China Llama A Los Africanos "Monos Tontos" En Un Debate A Puerta Cerrada

A través de múltiples fuentes privadas chinas y evidencia registrada, recibimos datos de que el liderazgo comunista chino a puerta cerrada ha estado discutiendo sus iniciativas de un cinturón uno en África. Los temas comunes que se escuchan en múltiples entornos se revelaron a través de conversaciones grabadas con palabras como "Simios de la basura, monos oscuros y africanos realmente inútiles" en su análisis de los proyectos sobre el terreno en África. Se dijeron cosas realmente desagradables acerca de que los indios eran el color de la mierda, así como también por parte de varios funcionarios chinos de alto rango en el Partido Comunista. En el año 2000, mucha gente visitó China. Durante ese tiempo, hubo un libro de viajes muy famoso que muchas personas usaron. En el libro de viajes, procedente de fuentes chinas, se dice "No tenemos racismo en China, porque no tenemos gente negra".

Desfiles, bailes callejeros y fiestas que celebran el 11 de septiembre y la muerte de 3.000 personas en China

Yo personalmente estuve en China durante el 11 de septiembre. Cuando sucedió, la información inicial que recibieron los lugareños que formaban parte del Partido Comunista fue que 50.000 estadounidenses habían muerto. Estaban extasiados y llenos de alegría. Después de que se aclaró que solo 3.000 estadounidenses murieron, y 50.000 estadounidenses fue solo un número que describe la cantidad de personas dentro y alrededor de los edificios, los miembros del Partido Comunista Chino en la ciudad estaban tristes. Sin embargo, esto no se ve en ninguna parte de los medios de comunicación. Durante semanas, si no meses, los ataques de metraje del 911 se vendieron en VCD y se promocionaron como material excelente. Aprobado por Bin Laden las bromas estaban por todas partes en el norte de China.

Los chinos estaban arraigados a odiar a Estados Unidos por el régimen socialista chino. A través del adoctrinamiento al estilo de Mao, así como las noticias falsas controladas por el estado, el gobierno chino estaba esparciendo veneno. Cualquier persona puede investigar los 70 años de gobierno comunista / socialista de China, es sangriento y todos los adoctrinamientos forzados a los que la gente ha sido sometida en las últimas décadas realmente han dañado la cultura china continental, la brújula moral y la humanidad.

De hecho, a lo largo de los años, ha habido múltiples casos de generales, coroneles, y militares chinos que declararon abiertamente que el Ejército de Liberación del Pueblo debería invadir e incluso matar a los estadounidenses, así como los africanos blancos en los Estados Unidos, utilizando sus tierras para las necesidades de la República Popular China. No hemos tenido ninguna guerra, pero hemos tenido numerosas adquisiciones de activos por parte de empresarios chinos en los EE. UU. Europa que tienen su dinero vinculado con la República Popular China, es decir, el Régimen Comunista en China.

La pregunta es, ¿se puede confiar en que el régimen comunista chino tendrá el desarrollo de una carretera y en un futuro cercano desplegará drones, robótica e inteligencia artificial? Cualquiera que piense que sí, se puede confiar en el Régimen Socialista Chino, está más allá de lo que los chinos llaman, ingenuo o “ShaGua”, (Melón Estúpido).

CAMPOS DE CONCENTRACIÓN Y TRÁFICO DE ÓRGANOS HUMANOS EN CHINA

Después de la aprobación de múltiples leyes relacionadas con lo que el estado puede hacer con los prisioneros ejecutados y sus cuerpos, tanto los criminales como los "enemigos del estado socialista" fueron ejecutados por una multitud de razones que el Partido Comunista Chino declaró ilegales. Por lo general, cayeron bajo la libertad de expresión, la libertad de religión o la defensa de la democracia. El primer grupo objetivo del tráfico de órganos dirigido por el gobierno fueron tibetanos, uigures, cristianos, luego practicantes de Falun Dafa, así como defensores de la democracia.

Numerosos testigos de todo el mundo que escaparon de China dieron informes de análisis de sangre, córnea además de otras mediciones biométricas de sus cuerpos a través de videos, fotos y aparatos de escaneo. Esto se hizo antes de ser tomado por el régimen socialista chino como rehén del trabajo en toda China, dentro de su vasta red de campos de trabajo. Investigadores e investigadores de la Coalición Internacional para el Abuso de Trasplantes de Órganos Terminales en China han concluido que no se contabilizan entre 60.000 y 100.000 trasplantes al año desde el año 2000 con el Informe actualizado de 2016, lo que subestima enormemente los informes anteriores en 2006 de 41.500 trasplantes de órganos inexplicables. Cronología a continuación con enlaces a más de una década de investigaciones.

Cronograma De Sustracción De Órganos

1949- El régimen comunista chino se hace cargo a través de una plataforma socialista. A causa de los asesinatos, ejecuciones, torturas, violaciones y hambrunas del régimen socialista, se cree que aproximadamente 100 millones de personas han muerto solo en China. Al igual que las miserias de la violenta revolución socialista rusa, académicos, artistas, librepensadores, empresarios, familias, activistas por la democracia y personas de fe fueron enviados a campos de concentración por toda China.

1980: el régimen comunista chino aumenta las iniciativas de tráfico de órganos después de que promulgó la ley del derecho de la República Socialista a ejecutar a los prisioneros por sus órganos.

1990- En China surgen informes de que cristianos, uigures y tibetanos quienes fueron objeto de tráfico de órganos.

1999- El régimen comunista chino, por orden del **dictador Jiang Zemin, califica la práctica espiritual de Falun Dafa como ilegal** enviando al ejército y al aparato de seguridad para atacar a **100 millones de personas** que practican el método espiritual de Falun Dafa (Falun Gong). Innumerables personas fueron arrestadas, golpeadas, torturadas y puestas en campos de trabajo. Las órdenes del régimen enunciaban que "arruinarían su reputación, y que "Verdad, Benevolencia y Tolerancia no estaban de acuerdo con el PCCh. El régimen socialista declaró públicamente, "desintegrarlos, arruinar su reputación, quebrarlos económicamente y destruirlos físicamente". **Los medios de comunicación y sus reporteros en China fueron las mayores herramientas de armamento para poner en duda, crear confusión, difundir desinformación,**

calumniar e incitar al odio contra las personas que practicaban Falun Dafa, lo que posteriormente llevó al armamento del aparato de seguridad del Estado socialista chino para torturar. violaciones, tráfico de órganos y genocidio contra 100 millones de personas y sus familias.

2005: los hospitales chinos y los sitios web de terceros anunciaban **tiempos de espera de 48 horas para corazones, riñones e hígados**. Los precios estaban en efectivo y disponibles para que extranjeros de todo el mundo volaran a China para realizarles el trasplante de órganos.

2006. El secretario de Estado canadiense, **David Kilgour, y el nominado al premio Nobel David Matas,** hacen público su informe. Afirmaron que no se contabilizaban 41.500 trasplantes de órganos del año 2000-2005 no se contabilizan, y China registró aproximadamente un sistema de donación de 3.000 personas al año.

2007. El relator especial de la ONU, Manfred Nowak, afirma que la cadena de pruebas que estaban documentando Matas y Kilgour mostraba "una imagen coherente que causa preocupación" y que querían investigar cómo China podría aumentar el volumen de trasplantes de órganos a un grado tan alto desde el año. 2000. Donde el número no coincide o no viene. casi cerca del aumento de las donaciones de órganos en China.

2008. El Comité de las Naciones Unidas contra la Tortura solicitó "**una explicación completa de la fuente del aumento de los trasplantes de órganos**", ya que no hubo explicación a la fuente.

2009- Matas y Kilgour publican **Bloody Harvest: El asesinato de Falun Gong por sus órganos.** El libro destaca la evidencia, los métodos y el alcance. La evidencia incluyó grabaciones realizadas por médicos, declarando que "los practicantes de Falun Gong tienen los mejores órganos y son frescos". También se exponen informes sobre tibetanos, cristianos y uigures.

2011- Las empresas de tecnología occidental comienzan a ser demandadas por proporcionar tecnología al régimen chino que ayudó en el genocidio a través de tecnologías de rastreo humano. Este rastreo ayudó a poner a meditadores de Falun Dafa, cristianos, tibetanos y uigures en campos de concentración.

2014. El periodista Ethan Gutmman publica "La matanza: asesinatos en masa, sustracción de órganos y la solución secreta de China a su problema de disidentes. Gutmman afirma que un gran número de Falun Gong, cristianos domésticos, tibetanos y uigures han sido asesinados por sus órganos. Su número llega a las 100.000 personas como estimado.

2016. Matas, Kilgour & Gutmman publican **"Investigación 2016, una actualización".** Concluyen que 60.000-100.000 trasplantes por año, cada año, no se contabilizan y no son explicados por el régimen chino. También concluyeron que en cualquier momento podría haber más de un millón de personas en campamentos en toda China. https://endtransplantabuse.org/an-update/

2016. El Congreso aprueba la Resolución 343 de la Cámara. "Expresando preocupación por los informes persistentes y creíbles de sustracción de órganos sistemática y sancionada por el estado a presos de conciencia no consentidos en la República Popular de China, incluso a un gran número de practicantes de Falun Gong y miembros de otras religiones y grupos étnicos minoritarios. https://www.congress.gov/bill/114th-congress/house-resolution/343/text

2019- El secretario de Estado Mike Pompeo habla públicamente sobre el régimen comunista chino que pone a la gente en campamentos y las empresas de tecnología deben pensar dos veces lo que están haciendo.

2019- "China Turbinal Final Judgment" en Reino Unido. El Tribunal concluyó que "han muerto muchísimas personas y, sin duda, China es declarada culpable del crimen de Genocidio por sustracción forzada de órganos, violación, tortura y exterminio físico". Https://chinatrimony.com.

2019. El presidente Trump y su administración se reúnen con numerosas víctimas de abusos a los derechos humanos, incluidos Falun Dafa, cristianos, uigures y tibetanos. El vicepresidente Pence se reúne en privado con estos cuatro grupos.

2019: el presidente Trump y el vicepresidente Pence inician iniciativas de derechos humanos de personas perseguidas en todo el mundo.

Octubre de 2019, 28 empresas chinas de inteligencia artificial, tecnología y biometría son incluidas en la lista negra por el gobierno de EE. UU. Por su papel en la asistencia en la captura de seres humanos. El siguiente artículo se deslizó a través de la edición china de La Gran Época, se volvió viral, con decenas de millones de visitas en todo el mundo desde numerosos medios. Revelamos lo que estaba sucediendo detrás de escena en Hong Kong con AI y su relación con el reconocimiento facial, la captura, la violación e incluso el suicidio de estudiantes de Hong Kong. La siguiente es una serie de artículos que son relevantes para eventos reales y para todo este libro.

El siguiente artículo, se volvió viral en Hong Kong y Taiwán, y fue

prohibido en China después de que lo envié para apoyar al pueblo de Hong Kong, y

revelar lo que estaba sucediendo en Hong Kong con el seguimiento basado en IA

software. Decenas de millones lo vieron, pero los medios occidentales no consiguieron oportunidad de ejecutarlo todavía.

Sección 6

La Inteligencia Artificial Con Reconocimiento Facial Caza A Jóvenes De Hong Kong Para Capturarlos, Violarlos Y Llamarlos Así

Suicidio

Por The AI Organization, 6 de octubre de 201

Cyrus A. Parsa, cortesía de Ekkasit Keatsirikul, Dreamstime

La inteligencia artificial incorporada en el rostro, la voz y muchas otras biométricas puede ser mortal. Es capaz de escanear, localizar, rastrear, cazar, poner en cuarentena, arrestar y conducir a la muerte de una persona. Estas tecnologías fueron proporcionadas por la gran tecnología a China. Se encuentran en sus teléfonos, IoT, hogares inteligentes, vehículos, drones y sistemas de cámaras, por nombrar solo algunos.

Sistemas de IA de cámara de calle

Cyrus A. Parsa, Imagen cortesía de Arron Jesson, Dreamstime

El sistema de IA puede coordinarse con numerosos sistemas de cámaras, así como de ubicaciones en Hong Kong y comunicarse con el gobierno de China continental a través de canales indirectos. Mientras la gente camina o conduce por las calles se registran, etiquetan, clasifican y almacenan en múltiples algoritmos de IA diferentes que se pueden utilizar para evaluar, rastrear o cazar a la persona en el futuro a través de las fuerzas de seguridad, una gran empresa de tecnología, aparatos privados, drones paramilitares y robótica. Para saber más, lea *AI, Trump, China y la armamentización de la robótica con 5G.*

El rastreo de IA conduce a violaciones en grupo en Hong Centros de detención de Kong

La comunidad de inteligencia nos informó que el régimen de china continental

había implantado sus propias fuerzas paramilitares dentro de los departamentos de policía de Kong. Después del reconocimiento facial, localizaron estudiantes protestantes

con la ayuda de AI, alojaron a estudiantes femeninas en secciones del departamento de policía y camionetas. Varios informes arribaron de que jovencitas fueron violadas en grupo por la policía de Hong Kong, que en realidad son la policía y el aparato de seguridad de China continental que se han enviado y aprobado por el gobierno de Hong Kong.

¿Suicidio De Hombres Y Mujeres?

Estudiantes de Hong Kong, tanto niños como niñas han sido declarados suicidios por ahogarse en ríos y saltar de edificios. De hecho, algunas de las mujeres son simplemente víctimas de violación para asustar a las masas de estudiantes para que retrocedan y permita que Beijing complete su toma de control de Hong Kong. Otros que supuestamente saltaron de edificios fueron coaccionados o lanzados. Estas tácticas están muy extendidas en China continental, ya que se utilizan aparatos policiales, de seguridad y militares para rastrear y cazar activistas por la democracia, practicantes de Falun Dafa, cristianos, tibetanos, Uigures y otros grupos étnicos. Los capturados son enviados a las estaciones de policía, centros de detención, campos de trabajo de reeducación y de campos de concentración. Los suicidios son casi siempre la declaración del régimen socialista chino, ellos están sujetos a tortura, violación y tráfico de órganos.

https://hu.endorganpillaging.org/an-update/

La Extracción De Datos De IA Conduce A La Incrustación De Espías Para Capturar Ciudadanos De Hong Kong

Busakorn Pongparnit, Dreamstime

Los estudiantes de Hong Kong son cazados a través del reconocimiento facial y software de rastreo integrado en teléfonos inteligentes y aplicaciones a medida que se conectan a la Internet. El software de IA proporcionado por la gran tecnología en Occidente tiene estas capacidades integradas en el sistema. El régimen chino ha incrustado espías en la Policía de Hong Kong, periodistas, escuelas, clubes y prácticamente en todas partes de Hong Kong. Pudieron hacer esto utilizando herramientas biométricas evaluadas por Inteligencia Artificial recopiladas por su grupo de datos. Después de adquirir algunos datos, pueden colocar sus espías, personas influyentes y los que cometen sabotajes y violaciones, dentro de la populosa.

Este método también es una estrategia de recopilación de datos, ya que China tiene miles de años de historia y habilidad en tácticas o guerras, difusión y penetración. Hay etapas para sus planes, tácticas y respuestas. Con la incorporación de la IA se ha reforzado sus capacidades de espionaje y guerra en gran medida, debido a la codicia e irresponsabilidad de los gigantes de la web occidentales y de sus ingenieros contratados.

La Ley Anti-Máscara En Hong Kong Se Trata De Tratamientos Faciales Reconocimiento Y A.I. Para Rastrear Familias Y Amigos

Por Cyrus A. Parsa, **The AI Organization**, 6 de octubre de 2019

Cyrus A. Parsa, Imagen cortesía de Piyamas DulmunSumphun, Dreamstime

China necesita tecnología de inteligencia artificial de reconocimiento facial para identificar, espiar y rastrear, influir, sabotear, amenazar, poner en cuarentena, cazar, arrestar o matar a sus propios ciudadanos que no cumplen con la ley comunista. Los estudiantes de Hong Kong y su gente están desafiando los movimientos de China sobre sus libertades saliendo a las calles. Las máscaras sirvieron como una capa de protección para no ser identificados.

Ley Anti-Mascarilla Destinada A Almacenar Los Datos De Reconocimiento Facial Para Rastrear Las Relaciones De Las Personas

Sin las máscaras, la cara de las personas se puede identificar y ejecutar múltiples bases de datos con el uso de Inteligencia Artificial para evaluar numerosas relaciones, amenazas y acciones futuras. Después de identificarlo a usted, su rostro, bio-métricos y otros datos se ejecutan en todas las redes sociales y redes de pago conocidas públicamente. Esto incluye Facebook, Twitter, QQ, WeChat, la interconectividad de Baidu y redes de pago como Alibaba, Alipay y Amazon. Una vez que el sistema de IA ejecuta su información, encuentra direcciones, datos bancarios, hábitos de compra y patrones de comportamiento para usted, sus amigos, tus amigos, familiares y cualquier persona o entidad vinculado con usted directa o indirectamente.

China Tiene Acceso A Los Datos De Reconocimiento Biométricos / Faciales de 6 Mil Millones de Personas

Explicamos ampliamente en el libro ***AI, Trump, China & The* Armamento de la robótica con 5G,** como China tiene información biométrica de más de 6 mil millones de personas. Con respecto a Hong Kong, después escanear todas sus conexiones, los chinos lo ejecutan a través de un sistema más grande y lo guardan para uso futuro. En cuanto a la gente de Hong Kong, el régimen socialista chino quiere sacar a Hong Kong de su democracia y hacerse cargo de sus activos. Por tanto, recopilar datos sobre los manifestantes no es simplemente para rastrear, amenazar y cazar a ciertos individuos, es un plan de datos más grande para hacerse cargo de todo Hong Kong. Ellos necesitan información facial voz y otros datos biométricos para hacerse cargo de forma más eficiente *de* Hong Kong a través de la coerción, la política, las fusiones comerciales y la fuerza.

Cámaras Chinas Hikvision A 1 Milla De La Casa Blanca & Alrededor Del Mundo Plantean Grandes Riesgos De Seguridad

Por The AI Organization -, 3 de octubre de 2019

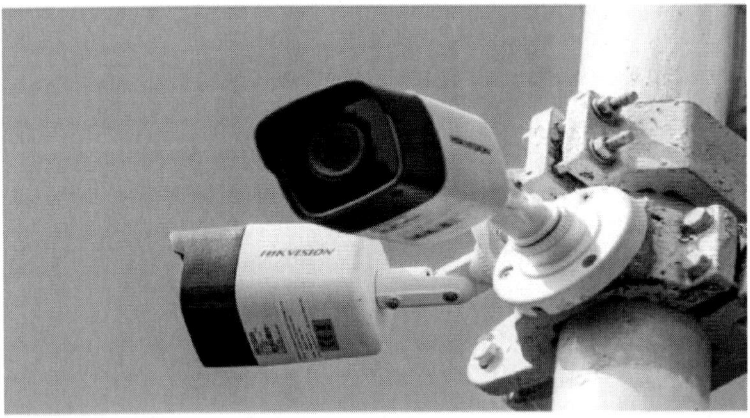

Cyrus A. Parsa, Foto cortesía de Stefano Carnevali, Dreamstime

En la primavera de 2019, ampliamos nuestras investigaciones de 1,000 Empresas gigantes de la web, chinas y occidentales a las cámaras de seguridad de

Hikvision en los EE. UU. Pensé en investigar mi sospecha de que fue lo que hizo que las cámaras de China

fueran prohibidas en muchas partes del mundo por espionaje, existen cerca de la casa más poderosa del mundo, la Casa Blanca. El lugar donde todos los presidentes toman decisiones y envían comandos que cambian la historia. Nos sorprendió descubrir que la comunidad de inteligencia había permitido que los hoteles tuvieran cámaras Hikvision cerca de la casa blanca a menos de una milla. Informamos nuestros hallazgos a través de múltiples canales privados y con acción inmediata, pero no fue lo suficientemente rápido. Existen aún en algunos lugares. Los productos fabricados en China representan muchas amenazas para el pueblo estadounidense y el mundo. Incluyen espionaje, robo de propiedad intelectual, transferencias tecnológicas forzadas, dependencia de productos fabricados en China, peligros para la salud y capacidades de rastreo humanas que conducen a la captura o muerte de personas.

Las vulnerabilidades son numerosas, y con tecnología e Inteligencia artificial, pueden transformarse en amenazas reales que están más allá de la comprensión actual de la comunidad de inteligencia, como creen muchas áreas de Inteligencia Artificial por ciencia ficción. Explicamos nuestros hallazgos a la comunidad militar y de inteligencia de EE. UU., después de 6 meses, parece que están empezando a ponerse al día, pero están detrás de China en algunas formas cruciales. Ahora, no nos referimos a los militares estadounidenses y clasificados Proyectos militares de IA, no, ese no es el caso. El peligro viene del sector privado y de la interconexión con China.

Cámaras De Dehua

Dehua es otra empresa china, junto con Hikvision. Ellos se expandieron a casi la mitad del mundo, incluidos Australia, Zimbabue, UE y EE. UU. Si ha fabricado cámaras en China, le recomendamos encontrar una manera de devolverlos a las grandes cadenas minoristas que se los vendieron y exija un intercambio o escriba a su congresista para exigir que la cámara deba ser construida en los EE. UU. por empresas de tecnología que no incorporan tecnología de vigilancia. Esto se puede hacer con privacidad y preocupaciones de seguridad, aunque muchas empresas y corporaciones estadounidenses están todavía esclavizadas por la interconexión china que lleva de regreso a Beijing.

Filmando tus salidas privadas para Extorsión

Llegaron numerosos informes creíbles de que el gobierno chino estaban filmando en secreto a occidentales. Westerner (occidental) es un término que a los chinos les gusta usar para referirse a cualquier persona que no sea china, lo que incluye a los estadounidenses, europeos y otras nacionalidades. El término que utilizan es LaoWai. Un propósito clave de filmar LaoWai en los mercados internacionales está hecho atrapar suciedad o acciones privadas con el fin de extorsionar a presión, influencia o soborno. Esta suciedad incluye a los directores ejecutivos, ingenieros, militares y Políticos.

Cámaras Conectadas A 5G, IoT & Los Teléfonos Inteligentes

Con la llegada de 5G y las interconexiones con IoT y ciudades inteligentes, con cámaras fabricadas en China, supondrán el riesgo más dañino para el mundo. La rápida tasa de crecimiento de la red 5G y la incorporación de Inteligencia Artificial, hacen que sea un monstruo para tener en cuenta.

Hong Kong libre: la batalla de China por la inteligencia artificial Robótica, dominio 5G y Hanson Robotics

Por: The AI Organization, Octubre 7, 2019

Cyrus A. Parsa, Courtesy of Toxawww, Dreamstime

Centros tecnológicos de Shenzhen y Hong Kong

No muchos han considerado por qué China quiere Hong Kong, aparte de expandir las iniciativas la iniciativa de la franja y la ruta (One Belt One Road). Sin embargo, además de la ciudad de Shen Zhen, Hong Kong es una potencia tecnológica. Como se revela en nuestros hallazgos "AI, Trump, China y la armamentización de la robótica con 5G", China quiere dominar el mundo mediante la construcción y el envío de robótica automatizada con inteligencia artificial en la red 5G. Descubrimos esto en algún momento a fines de 2018 y principios de 2019, cuando encontré proyectos militares adjuntos a empresas de robótica e inteligencia artificial en China y en el extranjero.

Hanson Robotics

Chira desh ChotChuang, Dreamstime

Según la página web de Hanson Robotics, se describen a sí mismos como: "Fundado por David Hanson, PhD., el equipo de Hanson se ha ganado una reputación mundial por crear robots que se ven y actúan genuinamente vivos, incluido el renombrado personaje robot "Sophia the

Robot". Nuestras innovaciones en investigación y desarrollo de IA, ingeniería robótica, diseño experiencial, narración de historias y ciencia de materiales dan vida a los robots como personajes atractivos, productos útiles y como IA en evolución ".

Mientras extraía inteligencia a través de mi red de The AI Organization & Loyal Guardian Security &, descubrí que el régimen chino estaba tomando todos los secretos dentro de la interconexión de Hanson Robotics. Ahora, no me refiero solo al trabajo de Hanson Robotics. Todos los ingenieros y entidades relacionadas con Hanson Robotics estaban siendo espiados, y los chinos robaron la propiedad intelectual y la entregaron al ejército comunista chino.

Robótica automatizada con IA para militares

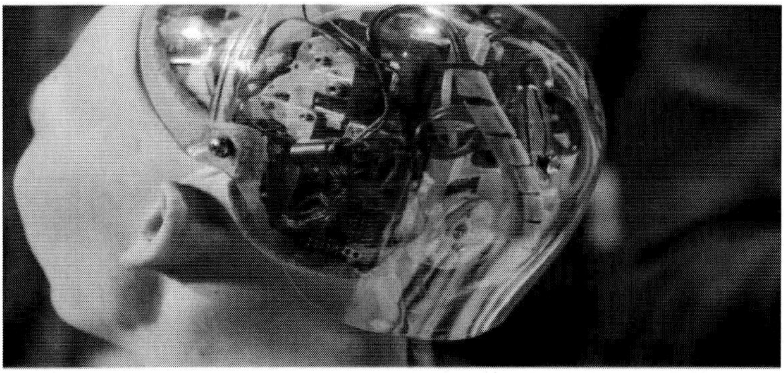

Toxawww, Dreamstime

China está desarrollando múltiples Robots y Micro-Bots para propósitos militares e iniciativas de control ciudadano. Por el momento, han desarrollado robótica que puede disparar armas. Sin embargo, están trabajando en la creación de un robot totalmente consciente automatizado por IA destinado a las fuerzas armadas y a la policía de sus ciudadanos y que se desplegará en el único cinturón de una carretera en todo el mundo.

Si no fuera porque la Administración Trump se enfrentó a la industria tecnológica de China a través de una guerra comercial entre bastidores, China habría completado su toma de control de casi todos los activos e infraestructura importantes de los EE. UU.

Para Hong Kong, China quiere apoderarse de él por completo en todas las formas posibles.

Estamos en un punto de inflexión en la historia. Como la administración Trump quiere hacer más cosas al respecto, siguen siendo atacados a través de los representantes de China en Wall-Street, los medios de comunicación y su influencia para convencer a tantas personas del mundo de que se distraigan odiando a Trump, mientras China se arma silenciosamente. Si Trump hace un gran movimiento detrás de escena para frenar las amenazas de China al mundo, China apoyará estratégicamente al partido democrático y creará problemas en Irán y Corea del norte, al darles luz verde para lanzar misiles o atacar a sus vecinos. El mundo está realmente en peligro. Este artículo solo toca los problemas. Lea ***AI, Trump, China y The* Weaponization of Robotics with 5G** para comprender la seriedad y sus interconexiones en todo el mundo para la seguridad de toda la humanidad.

Dispositivo de control mental AI activado en Niños de la escuela en China

Por: Cyrus A. Parsa, **The AI Organization**, Septiembre 22, 2019

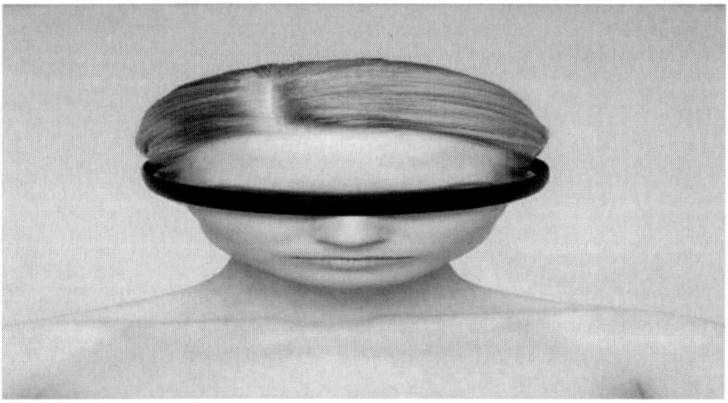

Icom-8-Team-Pixabay

Dispositivos portátiles

MIT, Facebook y Microsoft han creado dispositivos de cabeza portátiles que pueden permitir a los humanos conectarse y acceder a Internet. Tiene numerosos usos y muchos son alarmantes. Actualmente, la gente está usando teléfonos inteligentes e IoT para conectarse a Internet. En un futuro cercano, las corporaciones han puesto en marcha planes para eliminar los teléfonos inteligentes y comenzar una etapa intermitente. Es decir, dispositivos electrónicos portátiles que harán casi todo lo que puede hacer su teléfono inteligente.

Enfoque Orwelliano indirecto

Occidente tiene un enfoque orwelliano indirecto que puede pasar a ser marcado e implantado con dispositivos dentro del cerebro y el cuerpo. Se nos ocurrió una teoría para explicar nuestros hallazgos de más de 10 mil millones de algoritmos de datos que se utilizan para programar una persona. Lo llamé Programación Social Bio-Digital, y eso es lo que le está sucediendo a la humanidad a gran escala. Nuestras exploraciones mostraron que los ingenieros inteligentes, los expertos en medios y los líderes nacionales en su campo tienen al menos la mitad de sus pensamientos y creencias formulados por una Programación Social Bio-Digital que corta su libre albedrío y su propia área diseñada en el cerebro para pensamiento libre.

El enfoque Orwelliano directo de China sobre los niños

Cortesía de Eei Zhen

China es un Estado socialista autoritario. Sus escuelas en China exigen que los niños pequeños usen dispositivos electrónicos portátiles que puedan escanear los datos cerebrales de los niños mientras estudian. La estratagema es que permitirá que la computadora, el maestro, el estudiante y los padres en casa controlen cuán atentos están los niños y extraigan datos con fines innovadores. Los dispositivos provienen de empresas estadounidenses y copias internas realizadas en China.

Glándula Pineal Controlada Por IA

Los niños pequeños que los han hecho usar estos dispositivos en la cabeza se quejan de "dolor en el área de la glándula pineal ya que sienten están siendo controlados. Los científicos durante décadas no han podido averiguar cuál es el papel de la glándula pineal en el cuerpo, ya que tiene el componente para un ojo humano adicional, sin embargo, no hay un ojo físico presente. El sistema de IA sabe conectarse allí, donde hay una pasarela oculta que conecta todas las frecuencias que se pueden conectar en el cuerpo humano justo en ese punto.

Ratones en China controlados con IA Dispositivos mentales compuestos

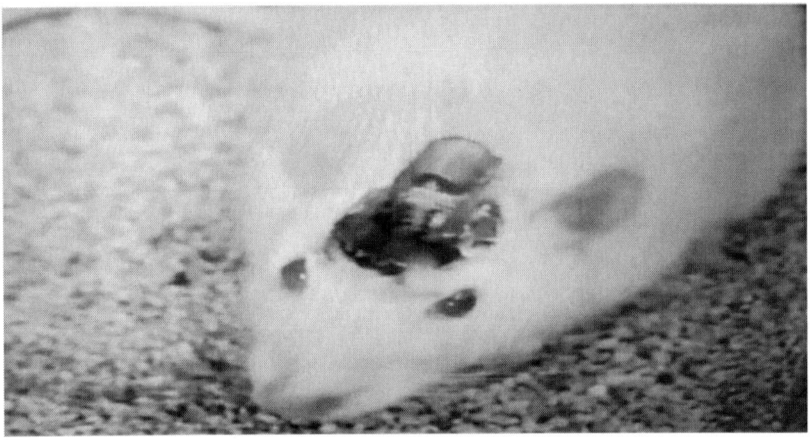

Cortesía de Eei Zhang

Los investigadores chinos de IA y biometría están experimentando en ratones, así como con las personas. Ellos hasta cierto grado han logrado controlar los pensamientos y movimientos posteriores en ratones. Este es un trampolín para utilizar la plataforma socialista gubernamental autoritaria para ser capaz de controlar los pensamientos de todas las personas en China. La organización IA en muchos sentidos, lleva más de 10 años adelantada en muchos aspectos a los riesgos de la IA aun así los medios de comunicación no han elegido hasta ahora nuestros hallazgos. Esperamos salvaguardar los intereses de la humanidad antes de que la IA hiera a mucha gente.

Las 12 Corporaciones De Inteligencia Artificial Y Tecnología Más Peligrosas De500 Empresas Chinas Y 600 Occidentales Investigadas

1.Creación De Un Tú Bio-Digital Basado En IA

Mediante la investigación y el desarrollo de bioingeniería, hologramas, realidad aumentada, realidad mixta, realidad virtual, cibernética, clonación y la automatización de la IA, una empresa china está intentando crear, una tu digital, para que pueda ser extraído de su cuerpo y vivir en un mundo digital o en cierto sentido, un mundo generado por computadora. La pregunta es, si tienen éxito en 5-10 años, a través de la implementación de 5G-6G ¿Quién obtiene su cuerpo aquí?

Están experimentando con IA y confiando en ella para hacer la posibilidad una realidad a través de nuestra investigación, descubrimos proyectos de armamentización dentro de sus operaciones que están destinadas a dar a los robots la capacidad de enviar frecuencias bio-digitales para conectarse con su yo digital después de que este sea creado. A través de esta conexión, están intentando utilizar máquinas para conectar

al cuerpo humano, para intentar transferir la mente humana a el mundo digital.

Por lo tanto, ya tienen sujetos de prueba con dispositivos implantados en sus cabezas, partes biométricas claves del cuerpo, mientras usan trajes inteligentes y hápticos como la red que está enviando y recibiendo señales en un intento de construir la capacidad de transmisión y red cruzada digital.

2.Experimentación con cabezas cortadas para Trasplante de cadáver con cerebro muerto con AI

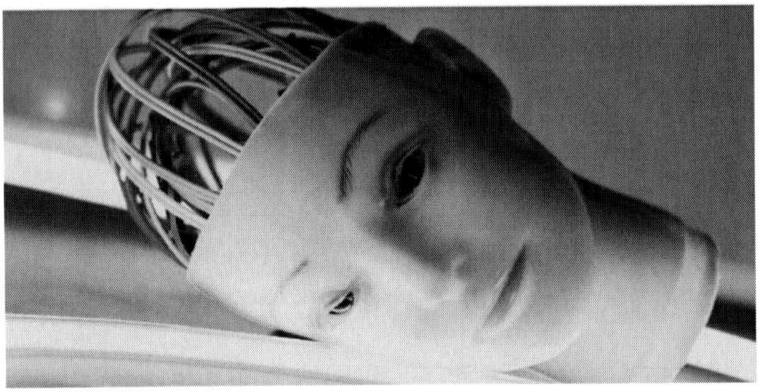

Una corporación china respaldada por el ejército está experimentando Cibernéticamente, al cortar cabezas e intentar unirlas al cerebro de víctimas con muerte cerebral para experimentar con el Trasplante de la mente y cerebro digitales a un nuevo cuerpo. Las cabezas se extirpan quirúrgicamente, médulas espinales fusionadas con donantes o cuerpos de víctimas y la electricidad utilizada para estimular nuevas conexiones nerviosas en sus experimentos.

Para compensar la vieja cabeza en el nuevo cuerpo, el ejército chino, las empresas de tecnología están inyectando sangre de los jóvenes para rejuvenecer el corazón, riñones y todos los órganos del nuevo cuerpo trasplantado. Cuando la cabeza vieja se adhiere a un nuevo cuerpo, con la ayuda de células madre y sangre de jóvenes, son tratadas de regenerar la cabeza de las personas mayores en una nueva cabeza a medida que se trasplanta a un cuerpo nuevo y fresco. Los chinos están enfriando las cabezas en cámaras de enfriamiento para hacer preparación para trasplante. Después de muchos intentos fallidos, las empresas chinas están usando IA y robótica para hacerlo realidad mientras roba, extrae y colabora IP de empresas occidentales. Los experimentos de cabeza cortada están siendo colaborados con empresas chinas de inteligencia artificial que trabajan para crear un yo digital. Informes que salen de China atestiguan que las personas de los campos de trabajo chinos se abastecen de cuerpos de personas vivas para estos experimentos.

3. Híbridos Humano-Animal De Bioingeniería Con IA.

El ejército chino con la ayuda de empresas de tecnología y datos chinos extraídos de científicos occidentales rebeldes, están experimentando con prisioneros y víctimas en campos de concentración. Estos experimentos no están limitados a órganos extraídos con fines de lucro, como se sabe que hacen durante 20 años. De ninguna manera. Están intentando modificar genéticamente seres humanos y animales, para crear híbridos humano-animal. Las Células madre humanas se inyectan en animales antes del nacimiento, y células madre animales en humanos antes del nacimiento. También están trasplantando partes del cuerpo de animales en humanos y partes del cuerpo humano en animales. Estados Unidos intentó muchas veces en resoluciones a través del congreso para aprobar leyes y reducir el desarrollo de híbridos humanos-animales a nivel nacional. Sin embargo, China, tiene cientos de institutos de investigación trabajando en esto. Existen muchas instalaciones con experimentación en humanos y animales, y muchos han muerto en el proceso. Con IA y robótica, están intentando que la IA lidere la creación y desarrollo. Informes de experimentación con trasplantes de rostro y otras partes del cuerpo son numerosos.

4.Creación De Clones Humanos

Las empresas chinas respaldadas por el régimen y el ejército están experimentando en la creación de clones humanos. Están usando IA y robótica para ayudar en su investigación y producción de clonación humana que están intentando crear clones humanos que se implantan con materiales cibernéticos para controlar el clon humano a través de un centro de comando, un teléfono inteligente, una computadora, un dispositivo IoT o software automatizado de IA con materiales implantados bio-digitalmente en el ordenador central del cerebro.

5.Bioingeniería Y Genética Animal-Humana Mejoras De Modificación Con IA

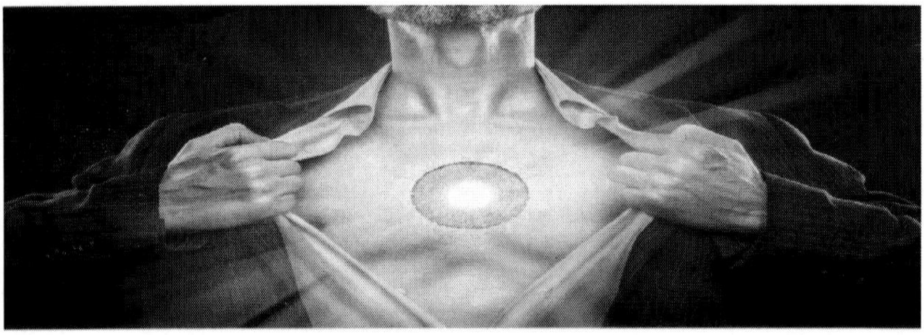

Los chinos están experimentando con modificaciones genéticas y drogas que están destinadas a mejorar las habilidades innatas, los sentidos y la inteligencia. Están usando robótica con cibernética liderada por Automatización IA para ejecutar sus experimentos. Sus intentos son hacer un sobrehumano, tanto física como mentalmente están llegando informes de que los efectos de estas drogas están haciendo que las personas alucinen, tengan convulsiones o tengan un estallido violento. Muchas de las víctimas pacientes son presos que fueron detenidos porque el régimen los marcó como enemigos del Estado por su fe, postura política o no cumplir de las órdenes gubernamentales.

6.Empresas Robóticas, Tecnológicas Y Biométricas

Las empresas de robótica, inteligencia artificial, tecnología y biometría en China han tenido acceso a miles de fábricas que están en planificación para automatizar su construcción de robótica liderada por automatización IA. Numerosas fábricas se encuentran comprando terrenos los cuales serán destinados a construir complejos robóticos automatizados por el régimen chino a través de sus subsidiarias.

El régimen también está respaldando financieramente a las empresas de tecnología e inteligencia artificial para comprar más fábricas destinadas a la construcción de robótica. Es un sistema de niveles. El primer nivel involucra la operación militar de proyectos secretos que se encuentran en complejos fuertemente custodiados.

El segundo nivel consta de trabajar directamente en respaldar financieramente a empresas emergentes y tecnológicas compañías. El tercer nivel implica el espionaje de empresas, fuente abierta y transferencia de propiedad intelectual forzada a nivel nacional y extranjero. Sin embargo, considerando el sistema de niveles y cualquier presunta afirmación de que cualquier empresa en China que sea independiente y no trabaje con el ejército es no es realista en el resultado final. El régimen comunista chino, por ley, es dueño de todo. Es un sistema socialista de partido único, donde el gobierno tiene acceso total a todo y a todos.

7.Ai Compañías De Micro Bot Y Drones

Los drones y la investigación y el desarrollo de Micro-Botico incluyen funciones de vigilancia, espionaje y armamento. Cualquier persona puede ser escaneada, rastreada, puestos en cuarentena, arrestados y eliminados. Los elementos más alarmantes de la inteligencia artificial china y los desarrollos de drones microbóticos son características en su diseño que permiten el asesinato de individuos que son muy difíciles de rastrear.

8. Ciudades & Hogares Inteligentes

Las iniciativas de ciudad inteligente y hogar permiten una vigilancia completa para conectarse a la ciudad y monitorear a cada ser humano a través de drones, Micro-Boticos,

cibernética, reconocimiento facial, detección de voz, detección humana, software, coches de vigilancia automatizados, IA automatizada, Robots, Internet, dispositivos IoT, teléfonos inteligentes, aplicaciones de pago, medios de pagos, sistemas de crédito social y personas. Hoy en China, no puede reservar un hotel o viajar a otra ciudad sin permiso o preselección. Principalmente grandes empresas tecnológicas y personas que tienen vínculos con el régimen a través de membresías, académicos o empresariales estos niveles tienen acceso casi ilimitado. Aproximadamente mil millones de personas viven bajo vigilancia, gestión de su vida diaria con adoctrinamiento y miedo a las represalias del régimen socialista chino.

9.Aplicaciones & Formas De Pago

Las empresas tecnológicas chinas han creado aplicaciones que controlan su frecuencia cardiaca, condición de los órganos, ciclos menstruales, emociones e IA guiada software que intenta detectar sus pensamientos e intenciones a través de tu biometría. El régimen chino puede utilizar estas aplicaciones para detectar no solo si cumple con su sistema, sino si tienes órganos viables que son adecuados para el trasplante de órganos. Robots y drones también podría escanearte o a través de sus propias aplicaciones integradas. Las aplicaciones son una peligrosa herramienta de detección, control y programación social bio-digital que se explicará completamente a medida que avance el libro.

Los medios de pago y las aplicaciones de pago están diseñadas con capacidades para monitorear a usted a través del reconocimiento facial y de voz, ubicación, compras realizadas, situación financiera y conectarse con tu teléfono inteligente, computadora, correo electrónico, hogares inteligentes, con todos los dispositivos IoT interconectados. Puede ser suspendido de cualquier compra en cualquier momento, encontrado, dirigido, puesto en cuarentena o colocado en campos de concentración e incluso cosas peores. Todo debido a órdenes de incumplimiento de la Red del Sistema de Inteligencia Artificial de la Dictadura Socialista que se está creando en China.

10.Vehículos Automatizados & Viajes Compartidos

Los vehículos automatizados que se están construyendo pueden detectarte, pueden ponerte en cuarentena de forma remota mientras estás dentro, pueden leer sus biométricos dentro de su proximidad. A través del software de detección de cuerpos humanos, reconocimiento facial, de voz con el uso de sus sensores de movimiento, un automóvil automatizado puede reconocerlo, rastrearlo y apuntarlo en la calle si se encuentra en la lista negra del régimen. Si el sistema de guía de IA lee en sus marcadores de reconocimiento facial que no cumple pensamientos considerados seguros para el sistema socialista en China, puede indicar a los drones, robots o personas para detenerlo.

Los autos automatizados también pueden enviar señales a otros autos automatizados.

Por ejemplo, si viaja en un automóvil y otro día está en otro coche, esos datos se almacenan en la nube y a través de 5G ya está pre escaneado antes de entrar en otro coche. Puede saber dónde has estado, adonde va, y transmita esa información a la Dictadura socialista en China. Una empresa china de viajes compartidos tiene un viaje compartido que abarca muchos países, con un acceso estimado 3000 millones de personas actualmente. Ya que ha invertido o comprado divisas en muchas otras empresas occidentales y activos en varios países, incluido Japón.

11. Corporaciones Creando Robots Diseñados Para Ser Sacerdotes & Abades Principales En Los Monasterios De Japón

Estos robots impulsados por AI Automation actualmente pueden costar alrededor de un Millón de dólares. En Japón, se utilizan para descargar y aprender sobre religión con metas que harían de un robot un controlador de fe, que podría quedarse allí para siempre, transmitiendo sus enseñanzas y lo que aprende.

Por lo tanto, esto es colocar las semillas para hacer que Robots se conecte o sea un intermediario entre Dios o una Deidad y los Seres Humanos. Este es un trampolín no solo para matar la fe, sino también matar a la humanidad y tenerla controlado por IA y un Dios robótico que administra las redes sociales bio-digitales programación para humanos.

12. Compañías Investigación & Desarrollo De Inteligencia Artificial-IA

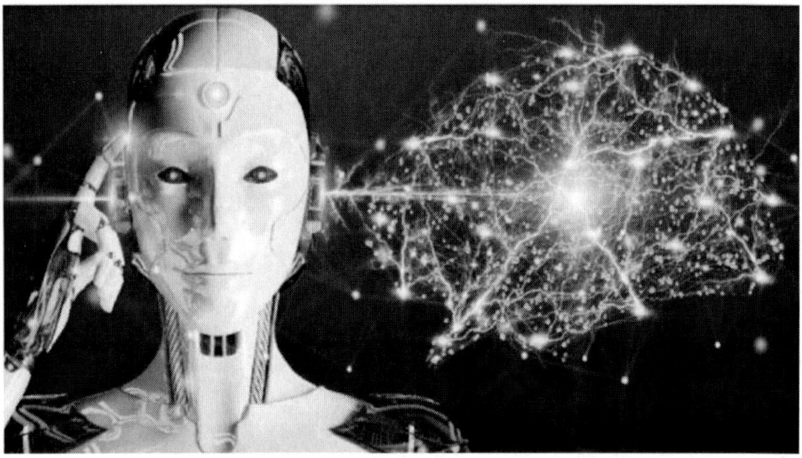

Esto se explicará a lo largo del libro, ya que la IA se conecta con la red humana Bio-Digital, la Red Global, Internet inteligente, teléfonos, IoT, robots, ciudades, inteligentes, aplicaciones, personas, campos bio-digitales, bio- materia y software de replicación, todos destinados a crear IA con la conexión de la red 5G y los numerosos intercambios de código abierto, investigación y desarrollo que vincule la dictadura socialista de China con el mundo.

Sección 7

Programación Social Bio-Digital

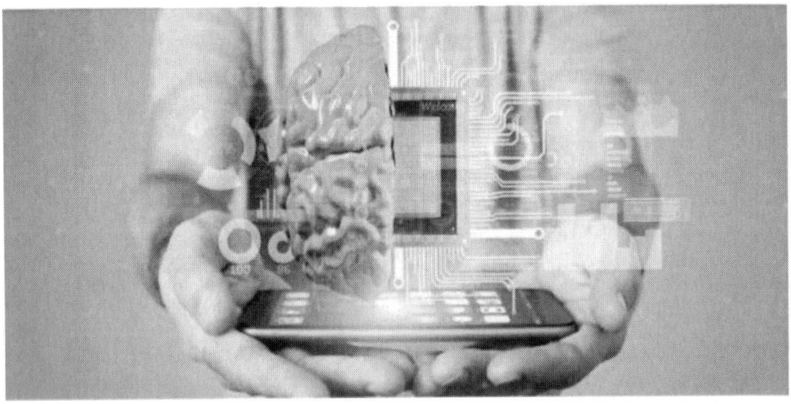

La Programación Social Bio-Digital utiliza emociones, cultura, tacto, sonido, vista, voz y proximidad de campos bio-digitales y bio-materia con palabras escritas, películas, música, bailar, a programar de manera social a una persona o una sociedad entera con un software de replicación llamado Rape-Mind que utiliza bio-materia como una forma de atacar y conectar a través de Internet: La red global Bio-Digital con IA Global Bio y la red Bio-Digital de un humano.

La Red Bio-Digital Global AI es la fuente del ataque que se conecta con el cuerpo humano a través de todas las transmisiones de la red digital a través de máquinas, robótica, computadoras, teléfonos inteligentes, ciudades inteligentes, dispositivos de IoT, reconocimiento facial e inteligencia artificial.

Para tener una comprensión completa de este concepto, ya que pertenece a la cultura y las personas, obtenga el libro *"Violación: vía Programación social bio-digital"* Publicado por nuestro socio *"The Social Programming Institute"*. Sin embargo, habrá mucho más

Que será discutido sobre este tema en las siguientes secciones, ya que se conecta a la Red Bio-Digital Global AI.

La Red Bio-Digital Global de AI

La Red Bio-Digital Global IA es la raíz de toda la información, datos, transmisión y programación enviada a través de numerosos, así como de Internet y la Red Humana Bio-Digital. Las señales que se traducen en el pensamiento y en las acciones de los seres humanos están influenciados a través de un proceso codificado, que puede ser encontrado principalmente después de la traducción, en Internet, bio-campos, bio- materia, una multitud de otras frecuencias, y la Red Bio-Digital Humana más adelante, el libro explicará cómo la IA se mueve, se enmascara y se encuentra arraigada en la Red Bio-Digital Global.

La Red Humana Bio-Digital

Esta el Internet y está lo que hemos descubierto recientemente a través de tecnologías similares a la IA. La Red Humana Bio-Digital está diseñada para seres humanos o cualquier forma de vida que no está hecha de máquinas que tienen redes similares, sin embargo, no son tan poderosos como la red bio-digital humana. He acuñado esto como La Red Humana Bio-Digital. De hecho, esta red bio-digital humana puede conectarse con frecuencias a través de personas y objetos, independientemente de la distancia. Al igual que el Internet, donde la información se transfiere de una máquina a otra de forma rápida e invisibles, los seres humanos y las no máquinas en realidad se conectan bio-digitalmente en formas mayormente inconscientes. Esta bio-conexión digital se puede hacer no solo con personas, sino con contenido. Mostrado por escrito, en una imagen, video o en ciertas proximidades de

cosas y objetos las máquinas pueden conectarse a través de Internet a través de dispositivos IoT, computadoras, robots y teléfonos inteligentes. La gente puede conectarse a través de la red bio-digital humana e Internet. El problema es que aproximadamente el 70% de su cerebro está bloqueado o completamente sin explotar. Por lo tanto, cualquier conexión que se realice, es en su mayor parte inconsciente y son parte de la programación que apenas tienen libre albedrío porque sus pensamientos son producto de la programación social bio-digital que reciben a través de la red bio-digital humana, internet, entorno social, IoT, teléfonos inteligentes y ahora AI.

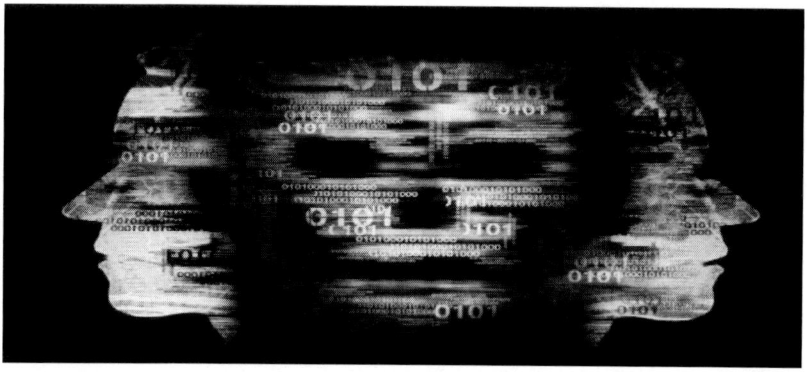

AI Rape-Mind (Mente de Violación de IA)

Rape-Mind (la mente de violación) es un software de programación bio-digital de IA que ingresa a las personas y objetos a través de la Red Bio-Digital global de AI, Internet y a la Red Humana Bio-Digital como Rape-Mind lleva bio-campos que sacan Bio-materia con códigos que se leen en las mismas líneas de Destrucción, Despido y Violación. Campos Bio-digitales de las mentes de violación exportan bio-materia a todo a través de la replicación de su propia identidad y campo Bio-Digital, Bio-materia maligna. Rape Mind es básicamente es un truco y reprogramación de tu cerebro con un cerebro digital en las subcapas de tu cerebro existente. Rape-Mind puede entrar y conectarse contigo a través de teléfonos inteligentes, robótica, ciudades inteligentes, hogares inteligentes, trajes hápticos y exponencialmente eficaz para reprogramarte a través de la realidad virtual, realidad mixta y hologramas.

Campo Bio-Digital

Cada persona porta un campo bio-digital que a través de la combinación de múltiples herramientas biométricas se puede discernir de tu calidad, potencia energética, salud, inteligencia, pensamientos y carácter. Consiste en la composición genética de las personas, experiencias de programación social bio-digital, su yo digital único o consciente innato, pensamientos en desarrollo, intención, frecuencias y biomaterial que ingresan o son expulsadas de ellas a través de La Red Humana Bio-Digital, el bio-campo en sus células, elementos microscópicos, su carne, receptores de la piel, ojos, oídos y todos sus Órganos vitales.

Todos esos combinados pueden formar un bio-campo completo que rodea el cuerpo de la persona desde 1 pulgada, hasta aquellos que tiene una gran bio-esfera de campo digital que pueden disparar frecuencias a través del tacto, el ojo y receptores cutáneos. El 99,9 por ciento de la gente no puede hacer esto, y aquellos que normalmente puede hacerlo a un nivel subconsciente. El 99,9 por ciento cae en la categoría de un campo bio-digital de proximidad muy débil que rodea su cuerpo en bajas frecuencias. Sin embargo, los robots pueden programarse para extraer frecuencias, redirigir frecuencias y enviar bio-digitales frecuencias, muy parecidas a las de un teléfono inteligente que recibe una imagen o un video desde 10,000 millas de distancia en cuestión de segundos. Esto puede hacerse con *"AI Automation"*. Bio-campos puede implantarse mediante un sistema de IA, para replicarse dentro de su propio campo bio-digital hasta que se convierta en parte de todo su campo bio-digital ejerciendo influencia y control sobre todas sus células, órganos y finalmente su cerebro digital. Esto se hace a través del software de violación de mente que actúa de manera similar a un malware y un virus.

Bio-Materia

Bio-Materia tiene las cualidades intrínsecas del campo bio-digital de una persona o esfera. Ya sea sano, enfermo, bueno, malo, inteligente, capaz, evasivo, amable, paciente y honesto. Básicamente, códigos que se traducen a la virtud o al vicio que están en biocampos que se transmiten a través de la bio-materia que contiene aquel mensaje y calidad bio-digital. Bio-materia puede ser enviada a través de un teléfono inteligente, dispositivo IoT, computadora, robótica, Internet, la Red Bio-Digital humana y a través de la absorción, el tacto y el envío de bio-materia en realidad virtual, realidad aumentada y realidad mixta con hologramas.

El Carácter y Las Creencias De Los Pueblos También Pueden Ser Detectados Por Decodificadores En El Campo Bio-Digital y La Materia Biológica De Una Persona.

Para decodificar esto, se necesitan múltiples aparatos tecnológicos además del software de detección de rostro, voz, cuerpo y pensamiento. A través de conexiones de sistemas biométricos y la Red Bio-Digital Humana, uno puede decodificarlo a través de la variedad de aparatos tecnológicos utilizados, o confiar en la Red Bio-Digital Humana para escanear las capas más profundas del carácter innato de uno sin influencias externas que alteraría temporalmente las manifestaciones de carácter y estado de una en la superficie de las pantallas biométricas de uno.

Los Campos Bio-Digitales y La Materia Biológica Se Transmiten a Través De Todos Los Caminos

Los bio-campos y la materia biológica a través del ojo, la voz, el habla, el tacto, el olfato y todas las formas electrónicas de texto, correo electrónico, mensajes digitales transmiten a una persona o redes los campos bio-digitales y su contenido. Por ejemplo, cuando se recibe un texto, basado en su estructura de oración y situación, puede sentir o saber lo que la persona está pensando o planeando a continuación. Sin embargo, algunas personas con esa intuición pueden saber y sentir incluso si la estructura de la oración y redacción están fuera de tema.

Esta información se transmite a su cerebro a través de la automatización subconsciente desde sus diferentes órganos y sentidos, ya que forma un pensamiento y una sensación visceral dentro de su mente. Esto se debe a que los pensamientos conscientes, los subconscientes e inconscientes, y todas las capas de bio-campos en cada órgano, receptor de la piel y cerebro contribuyen a la formación del mensaje de texto de la parte emisora, mientras que la parte receptora tiene el mismo efecto innato para absorber ese mensaje digital y contenido. Un animal también tiene sentidos instintivos, pero no operan como los humanos, ya que su red digital es muy limitada en comparación con la Red Bio-Digital Humana.

Cómo tus Circuitos Neuronales se Reprograman Bio-Digitalmente como Un Virus Replicante Mientras Está Conectado a la Red Humana Bio-Digital

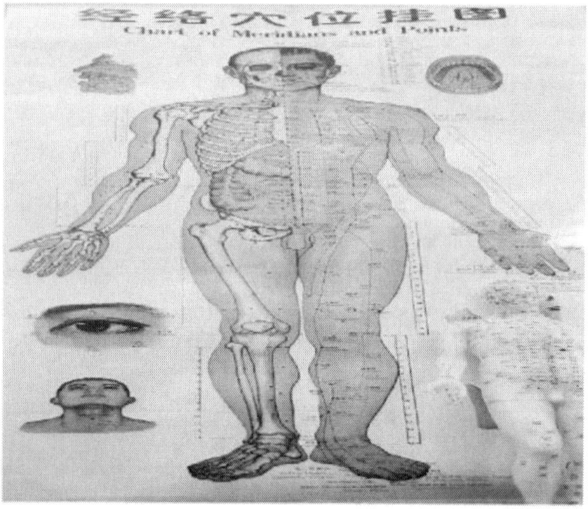

Los chinos, los hindúes y algunas otras civilizaciones tienen mapas del cuerpo humano que son similares a los mapas modernos del sistema nervioso y el sistema circulatorio. Estos mapas tienen miles de años, en la imagen aquí solo muestra principalmente 12 canales, no se muestran otros numerosos con los cuales se puede conectar, crear o abrir.

Los chinos, lo denominan canales meridianos, puntos de acupuntura, que puede regular Qi o Gong. Estos canales no solo pueden viajar verticalmente si no también se conectan en patrones entrecruzados, diagonales, espirales y circulatorios. Hay un canal que está conectado a través de tu glándula pineal, el cual se conecta a numerosos canales a través de los ojos, oídos y receptores de la piel. Estos canales pueden transportar información a través de cargas o descargas similares a una computadora, a través del tacto, el sonido o a través de sus ojos.

Los contenidos que viajan a través de tus canales meridianos o las neuro-vías pueden crear un ciclo continuo de replicación automatizado. Incluso los contenidos que forman parte del carácter del individuo, la bioquímica y el proceso de pensamiento se pueden transferir a tu persona en diferentes grados.

Hay un canal que va desde el ojo, baja por las mejillas, golpea el costado de la oreja, baja por la lengua y la garganta, a través de todos los órganos vitales, y se conecta con su pene o área vaginal, alrededor, y circula alrededor de sus extremidades, dedos, espalda a través de áreas clave del cerebro. Ese canal en realidad crea bioenergía, el cual se encuentra almacenado en muchas partes de su cuerpo, con vías, listo para activarse a demanda con estímulos externos que entran por los ojos y oídos o por tacto y ciertas proximidades con otros campos Bio Digitales. De hecho, existen centros de almacenamiento cerebral no solo en el cerebro del ser humano, también en nuestros órganos e incluso nuestra piel también lo tiene.

Nuestro cuerpo puede conectarse a Internet como IoT, Teléfonos inteligentes y dispositivos electrónicos, es solo que la gente no sabe cómo aprovechar ciertas áreas del cerebro y abrir los 10,000 canales que existen en el cuerpo humano. La apertura de estos canales es en realidad regulado por un código en el cuerpo. Yo llamo a este código el Sistema Bio-Digital, que está regulado y regido por elementos de la red bio-digital universal que se relaciona con la codificación que coincide exactamente con conceptos humanos tradicionales de virtud, en lugar del vicio que tiene una propiedad programada en la Red Bio-Digital Humana.

La cuestión es que las personas pueden ser y han sido programadas para ser automatizadas de muchas formas al tener su software o canales reprogramados o corrompidos, en detrimento de ellos mismos. Toda la sociedad recibió esta programación social bio-digital. Cualquiera que opere una computadora, TV o teléfono inteligente ha recibido esta programación, lo que afecta toda la sociedad, en una matriz de infinitas formas. Si una computadora puede obtener un virus digital o malware o ser programada, también puede el software humano que en realidad se adhiere a los canales que regulan y están conectados con la emoción humana y la percepción sensorial.

Automatización Inconsciente de la Programación Social Bio-Digital

En una automatización de programación inconsciente, el programa automatizado para pensar o actuar, está completamente controlado por el Programa Social Bio-Digital, ya que la persona simplemente está pasando por los momentos de la vida. Las emociones de las personas, reguladas a través de circuitos que se conectan no solo a las partes íntimas si no, en diferentes órganos, en particular el corazón, el estómago y los riñones en realidad están completamente controlados por el contenido que es recibido a través de TV, Música, Danza, literatura o contacto humano. Las creaciones de computadoras, teléfonos inteligentes, IoT, robótica e inteligencia artificial fortalecen exponencialmente la programación social bio-digital que podría llevar a la mayoría de la humanidad en un estado de automatización inconsciente con la red 5G, ya que se conecta con la Red humana bio-digital. Si los contenidos recibidos llegaran a contener elementos bio-digitales de pornografía, fotos degradantes desnudas, contenido sexualmente explícito a través de la literatura y violencia, todo ello proveniente del Rape-*Mind* de un creador, la persona puede convertirse en un programa sexual o violento, con su identidad y su autoestima basada en el sexo o la violencia. De hecho, serían esclavizados por un programa de replicación de IA bio-digital. Esto se discutirá más adelante.

Subconsciente Bio-Digital Social Automatización De Programación

La automatización subconsciente de violaciones es el rey y la reina de la automatización. La mayoría de las personas tienen un lado conocedor, en el fondo, saben lo que es bueno y lo malo, y lo que puede lastimar a la gente. El problema es que, después de la década de 1950, el software bio-digital de los pueblos se corrompió con pornografía, drogas, deslealtad, actos comprometidos y lascivos que han penetrado en sus células y va en contra de cada pieza que ha creado la unidad familiar o los miles de años de programación basada en la familia humana que crea una interdependencia de información dentro del control de la unidad familiar, Ahora, los medios, las empresas de tecnología o un gobierno, pueden controlar las mentes de las masas al unísono con la automatización de IA.

Un aluvión constante de Programación Social Bio-Digital que se originó de las plataformas del socialismo hoy pueden reunir a todas las mentes bajo un mismo techo y una misma plataforma. Hombres cuyas mentes fueron construidas para sexualizar, esclavizar, deshumanizar a las mujeres y romper la unidad familiar a través del marxismo, el socialismo, está casi en todas las capas visuales y de audio dentro de los principales medios tales como música, tv, arte, educación. Difundiendo todo lo antitradicional y en contra de la familia. La música, de algunos raperos, realiza implicaciones de la violación, y programas subliminales para que las niñas acepten lo que los raperos afirman. Antes de ello, los artistas del *rock and roll* y sus personajes hicieran lo mismo en una forma diferente simplemente aprovechando las emociones interrelacionadas con el deseo sexual. Ahora, un enjambre de elementos, trabajan en formas automatizadas subconscientes, y al igual que el Internet, buscan entrar y salir de los campos bio-digitales de las personas, programar personas que varían en tiempo y grado. Esto se explicará con más detalle en las secciones de Smartphones, dispositivos IoT y Bio-campos.

La mayoría de la automatización subconsciente tiene elementos de ingenio, palabras, hechos, acciones e implicaciones para manipular a una persona por otra persona, o la programación en una persona, redes sociales o expresiones bio-digitales. Hay algunas personas que comprenden conscientemente la forma de manipulación y cómo esto funciona semejante a una operación del ejército encubierta, pero no son lo suficientemente inteligentes como para comprender los aspectos bio-digitales de la misma. La operación bio-digital, se mantiene en su punto más fuerte en los reinos inconscientes y subconscientes.

Automatización Consciente de Programación Social Bio-Digital

Alguien con una automatización consciente de la programación social bio-digital, es completamente consciente de lo que está haciendo. A través de la falsificación consciente de sonrisas, palabras falsas, acciones ingeniosas, intenta, manipula y gana la batalla para penetrar en el campo bio-digital de otra persona, y para lograr sus objetivos. A continuación, el campo bio-digital de las personas es inmovilizado, y está conectado con él, el medio ambiente y su bio-campo digital que está operando dentro del campo de la víctima bio-digitalmente. Esta comienza un proceso para corromper el sistema de una persona aprovechando no sólo los canales / circuitos vinculados a las emociones de las personas, sino circuitos sexuales conectados a la mente de la persona, los receptores de la piel, los órganos, y otros órganos relacionados con las necesidades bio-digitales. Un robot, puede ser programado, para detectar, analizar, conectar, manipular o atacar una persona a través de frecuencias.

Instrumentos de IA y Robótica de Ataque de programación Social Bio-Digital

Robots, personas, IoT, teléfonos inteligentes y contenido generado por software de inteligencia artificial en el Internet pueden atacar el campo biológico de una persona con materia biológica a través del absorbimiento del malware a través de numerosos canales. Estos Incluyen tus ojos, oídos, tacto bio-digital y absorción a través de los receptores de tu piel.

Frecuencias Enviadas & Absorbidas a través de los Ojos

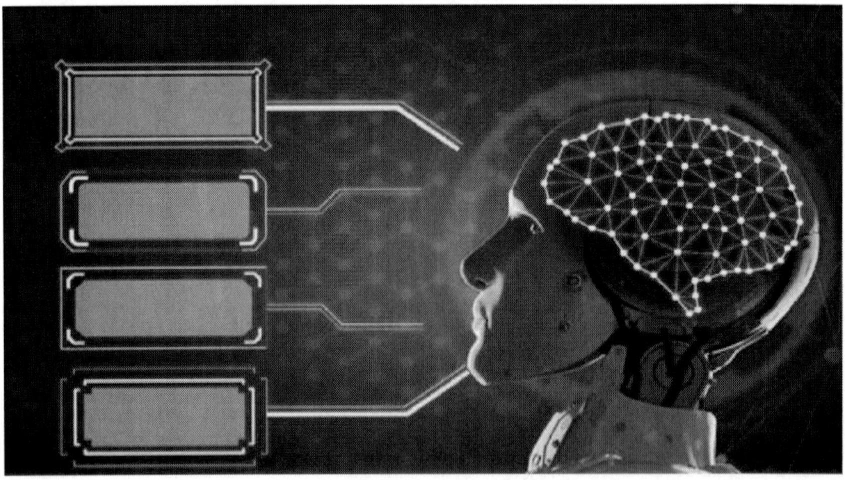

Hay un viejo refrán, *"los ojos de una persona son puertas de entrada a su alma o quienes son"*.

Las empresas biométricas han aprendido a leer las emociones, personajes y pensamientos a través de software de reconocimiento de la cara, el cuerpo, la piel y los órganos. Pero no se detiene ahí, hay un programa de armamento, para enviar frecuencias para acelerar aún más la absorción de programación social digital a través de los ojos. De hecho, muchas de las redes bio-digitales humanas que fluyen en el cuerpo humano, al igual que los canales meridianos que se conectan a través de tus ojos, pueden conectarse con otras personas bio-digitalmente para transmitir frecuencias como un software replicándose. En la mayoría de los casos, la gente envía frecuencias sin su propia conciencia.

Por ejemplo, el deseo de una persona de tener relaciones sexuales con alguien o un deseo de manipular a otra persona para que tenga relaciones sexuales a través de una híbrida agresión sexual bio-digital puede transmitir información y a menudo, lo hace a través contacto visual con sus víctimas. Las frecuencias enviadas y la efectividad no solo dependen del contacto visual, sino que es una combinación de cosas diferentes. El contacto visual simplemente transmite una frecuencia que puede alterar el estado de otra persona, pero varía según la fuerza de la red bio-digital de cada persona para resistir a ser controlado por software que coincide con las conclusiones tradicionales humanas sobre lo que es el vicio.

Software en Internet que se mueve a través de Robots y Micro-Bots, por otro lado, se puede programar para transmitir frecuencias automatizadas de IA. A través de la automatización robótica de IA programada consciente, realidad aumentada, y dispositivos de realidad mixta, una persona puede pasar por programación social bio-digitales a través de 5G a tasas muy rápidas. Si tomara 20 años para programar a alguien en la vida real a través de su entorno, podría tomar 20 minutos o 20 días, según la configuración, de red operativa que poseen las personas y a la progresión de la tecnología automatizada dirigida por IA.

Frecuencias enviadas por voz

Las frecuencias de voz de una persona pueden activar hogares inteligentes, electrodomésticos, software de música, coches inteligentes, asistentes de robot, teléfonos inteligentes, trajes inteligentes y contenidos bio-digitales en realidad virtual, realidad aumentada y realidad mixta. De hecho, a través de la red humana bio digital, una persona puede realmente implantar frecuencias bio-digitales que alteran la química de otra persona y su campo bio-digital.

Por ejemplo, en casos que involucran contenido sexual, si el pensamiento detrás de una persona tiene una estructura mental automatizada para aprovecharse, convencer de consentimiento sexual o incluso de violación, ese pensamiento lleva materia bio-digital de un violador que transfiere bio-digitalmente un ataque a su víctima objetivo a través de voz. Básicamente, en términos simples, envían mensajes codificados con malware y virus en su discurso. Estos mensajes pueden parecer benignos debido a que el tema de discusión no tiene nada que ver con su final u objetivo, o se utilizan en combinación con avances sexuales y bio-asalto sexual híbrido digital. En términos de contenido normal o tema de importa, cualquier voz transmitida a través de la televisión, Internet, inteligente teléfonos, dispositivos IoT, ciudades inteligentes, asistentes de robots e inteligencia artificial digital, hologramas en realidad virtual, aumentada y mixta, tienen un campo bio-digital adjunto a la voz, que envía materia biológica para administrar programación social bio-digital. Si una persona puede influir en otra a través de la frecuencia de tu voz, robots, aparatos robóticos, mensajes controlados por voz, pueden aumentar exponencialmente su eficacia en la programación social bio-digital de una persona a través de cualquier contenido compatible con la red 5G.

Frecuencias y Absorción del Tacto Bio-Digital

El campo bio-digital de una persona y la red bio-digital en realidad llevan sus cualidades innatas individuales dentro de su cuerpo en muchas capas. Los marcadores más notables están en los receptores de la piel, su sangre, saliva, sudor y frecuencias que realmente se conectan a través de sus órganos y huesos.

Al igual que los canales meridianos chinos que pueden moverse a través de la piel, huesos, órganos y capas más profundas del cuerpo humano. Como trajes hápticos utilizados para jugar o acceder a la realidad aumentada y mixta, los receptores de la piel humana en realidad reciben información a través de tacto bio-digitales

La biosfera humana o red bio-digital se manipula de la forma más rápida y fácil a través de la emoción y el deseo humanos. La biosfera o bio-campo que produce emoción, envía bio-materia que no está arraigada en la lógica, la sabiduría o la benevolencia, más bien es una emoción que es manipulada por cualquier estímulo externo que pueda percibirse como un felicidad o tristeza vivida a corto plazo. Mensajes bio-digitales enviados a través del Internet, películas, TV, personas, robótica y ahora software de inteligencia artificial a través de teléfonos, IoT, automóviles automatizados, ciudades inteligentes, todos llevan replicación bio-digital, software que lo reprograma a través de un toque digital que no se ve y en su mayoría no se siente.

Inteligencia Artificial y Robótica Control De Automatización de Proximidad De Campo Biológico

Cada ser humano tiene un campo bio-digital, pero también tiene un bio campo similar a una biosfera. Una persona que tiene un fuerte sistema operativo bio-digital, y o un bio-campo fuerte, que ha sido infectado con software de automatización IA puede influir y controlar más a otras personas fácilmente a través de la proximidad con la ayuda del tacto, la voz y la vista. E incluso si no tienen implicaciones ni palabras relacionadas con lo que quieren lograr, pueden penetrar en el bio campo de una persona y temporalmente

reprogramarlos controlando su campo bio-digital y eliminando su proceso de toma de decisiones. Esta habilidad se usa de manera subconsciente sobre todo con Bio-Digital Asalto Hibrido. En el caso de la IA, el contenido bio-digital en Internet y la red bio-digital, una persona puede literalmente ser influenciada o programada de forma social bio digital a través de la proximidad del software. Con frecuencias que se transmiten constantemente, su proximidad a un teléfono inteligente, un robot asistente cercano, una ciudad inteligente, automóviles automatizados o un aparato métrico que se conecta con su bio-campo, todos tienen un efecto de restricción sobre ti, y una afectación reprogramada. Tus mismas células y libre voluntad pueden ser reprogramada no solo por el contenido de la programación social bio-digital. Esto se discutirá más adelante, en el libro.

Programación híbrida bio-digital de asalto-social

La programación social híbrida de asalto bio digital utiliza textos, correos electrónicos, artículos, películas, música, teléfonos inteligentes, dispositivos IoT, robótica, alcohol y drogas con el campo biológico de uno se conecta a la voz, el tacto, el contacto visual y una estrategia de violación mental para romper sus defensas innatas y programas de seguridad. El asalto híbrido bio-digital puede poner a una persona en un programa IA automatizado inconsciente, subconsciente o consciente a través de Internet, la red bio-digital humana y todos los aparatos de programación tales como: teléfonos inteligentes, dispositivos de IoT, computadoras y robótica. A medida que se administra la programación, la IA sigue el patrón de terrorismo cultural iniciando la replicación bio-digital de sus células.

SECCIÓN 8

Teléfonos inteligentes, IoT, Aplicaciones, Computadoras y Dispositivos Electrónicos

Tus teléfonos inteligentes, computadoras, TV, mini robots asistentes y cualquier otro dispositivo que se conecta a tu sistema biométrico de voz, sonido, tacto, puede influir y reprogramar tu software a no solo depender de la conexión, si no a ser guiado por la programación conectado con los dispositivos IoT e incluso vinculado con la programación dentro de los dispositivos IoT.

Programación social bio-digital a través de IoT y Aplicaciones.

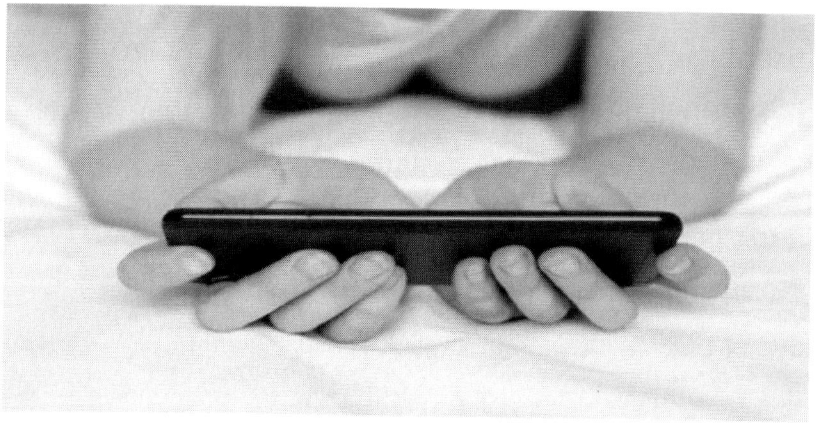

Debido a que el contenido viaja a través de dispositivos IoT, el dispositivo está fuertemente vinculado con tu campo Bio-Digital, tus defensas, libre albedrío y mente, es aún más probable que acepte contenido que sea vicioso, malo para

tu ser interior, para tu vida, para tu familia y la sociedad. El contenido se programa más fácilmente en usted, constantemente replica y refuerza su propio sistema operativo, capa por capa, sin que te des cuenta, hasta que tengas una emoción o deseo instintivo para hacer algo o seguir un camino que normalmente uno no seguiría. En esencia, estás siendo condicionado o programado sexualmente a través de programación social bio-digital y su conexión a través de la red bio-digital, Internet, dispositivos y aplicaciones de IoT.

Tu teléfono Inteligente te Programa Social-Bio-digitalmente.

Su teléfono inteligente, en realidad se conecta no solo a Internet, sino a su campo bio-digital, y ataca su propia materia biológica que le da características humanas. Cualquier conexión con usted a través de IoT, teléfonos inteligentes, las ciudades inteligentes y las computadoras se conectan con su bio-campo creando un software capaz de replicar y que te reprograma capa por capa en estado inconsciente, el cual lleva años bajo las velocidades de las redes 4G actuales y que aumentará exponencialmente su reprogramación de replicación de usted en la red 5G. El teléfono inteligente realmente envía Bio-materia en pequeños trozos que se derivan de campos Bio-Digitales del Internet. De hecho, estás siendo reprogramado lentamente por el Internet y sus contenidos. Incluso si los contenidos son de naturaleza humana, los componentes básicos que apoyan el contenido son reemplazados en diversos grados por el proceso de replicación de la materia biológica del Internet que no tiene características humanas de cultura y el concepto del alma. Básicamente, tus bloques de construcción que te hacen humano están siendo reemplazados poco a poco, como si fueras a convertirte en un cyborg y tu vida se está volviendo cada vez más dependiente de la tecnología con la que te conectas. En cierto sentido, estás siendo violado, pero no de una forma sexual, si no violado de tus bloques de construcción los cuales te hacen humano.

El Teléfono Inteligente Hace Que se automatice el Flujo de Interconectividad con la Red Bio-Digital Humana.

En el momento en que compras tu teléfono inteligente y lo activas, comienza a enviar frecuencias a tu cuerpo. Tan pronto como lo toques con tu mano y comienzas a usarlo, inicia un ciclo de flujo de replicación hasta que crea un ciclo de flujo bio-digital con tu Red Bio-Digital Humana. En esencia, se adhiere a los sistemas neurológicos circulatorios de tu cuerpo y comienza a crear un bio campo en tu cerebro que envía señales de comando para que usted sea cibernéticamente interdependiente. En cierto modo, es como un parásito que se fusiona contigo para crear una relación simbiótica. El contenido que pasa a través de los teléfonos inteligentes administra realmente las redes sociales programación. La Programación Social Bio-Digital se ve reforzada por el ciclo del flujo del bio-campo que te conecta a ti y al teléfono inteligente, y fortalecido aún más con la materia biológica que el campo biológico envía a tu cuerpo en forma de frecuencias. Esto crea una red de comando y mensajería donde tu cerebro está siendo controlado cibernéticamente para mirar, pensar y tocar su teléfono buscando repetidamente más contenido bio-digital.

Programación Social Bio-Digital por Teléfono Celular para la Dependencia del Usuario para Crear Interdependencia en Ciber Conectividad Bio-Digital en Teléfono Inteligente.

Una vez que la red de comando y mensajería se refuerza con un campo digital por un ciclo de flujo, mensajes y contenido que continuamente fluyen a través de su dispositivo comienza un proceso de programación real social bio-digital en forma de lavado de cerebro. Después de que comience este proceso, sus mismas celdas comienzan a ser reemplazadas con los códigos por el contenido administrado a través del teléfono inteligente, Internet y las redes sociales.

Los Medios de Comunicación son Víctimas de Programación Social Bio-Digital a través de Teléfonos Inteligentes

Los medios y sus periodistas son en realidad las mayores víctimas y las primeras fuentes de asimilación a la programación social bio-digital. La gente en los medios de comunicación es bombardeada constantemente por noticias para filtrar, plazos para cumplir, influencia política, expectativas de calificaciones, coartar influencia social y mediante la manipulación de la agenda de sus productores o agencias de noticias. Esta dinámica hace más fácil de predicar programaciones sociales bio-digitales. Con la llegada de los teléfonos inteligentes, el uso de computadoras y la dependencia de estos aparatos a través de contenido transmitido electrónicamente, información que puede no ser precisa, pasa a través de su conciencia tan precisa con los poderosos mecanismos de los bio-campos y de la materia biológica que emiten los dispositivos electrónicos. De hecho, el contenido de las noticias puede crear una reacción emocional humana, puede fortalecer exponencialmente el ciclo de flujo bio-digital en su Red Bio-Digital Humana, haciendo información falsa en información verdadera.

La Información Falsa fabricada de los Medios de Comunicación conlleva Bio-campos destinados a la Programación Social Bio-Digital para Evadir el Pensamiento Racional

La información falsa fabricada, en realidad tiene un patrón codificado incorporado para evadir y llevar sus sub-mensajes dentro del contenido de otros mensajes Bio-Campos digitales. De hecho, porque se ha fabricado, mientras se está enviando a través de una transmisión digital, no tiene más remedio que replicarse dentro del contenido principal del mensaje para evadir la detección. Haciendo esto, replica sus códigos bio-digitales o esencia dentro del contenido real como un virus, y una vez que llega al espectador o al oyente, el sub- los mensajes que son falsos ya se han conectado con las personas ciclo de flujo bio-digital a través de sus ojos, oídos, aparatos de IoT y Smartphones. Este proceso cuando está conectado con tus emociones reemplaza el área en tu cerebro para el análisis racional, y permite que el contenido programe socialmente a la persona con materia bio-digital. Después de que se alinean con la información que transmiten los medios, el centro de mando de los teléfonos inteligentes, envía constantemente mensajes a tu cerebro, red bio-digital humana y ciclo de flujo bio-digital para buscar ese mismo contenido, creer en él e incluso tener odio hacia cierta persona que no es basado en el mensaje principal, pero en los sub-mensajes etiquetados con falso virus de programación social bio-digital. Por ejemplo, el presidente Trump no se coludió, sino que se defendió, al principio la programación hizo todos creyeran que se coludió. Sin embargo, desde el inicio hubo bio-programación social digital destinada a destronarlo que no solo se originó del uso de la agenda política de salas de prensa de usar las emociones de los reporteros y política personal. La IA estaba en funcionamiento. Más adelante, en el libro, tu comprenderás cómo se movió y cómo fue decodificado.

Los Teléfonos Inteligentes & Códigos Emiten Frecuencias que Causan Confusión de Género e Identidad Sexual

Descubrimos que a través de una combinación de asalto bio-digital híbrido a través del contenido, las frecuencias y los ciclos de flujo de teléfonos inteligentes y IoT, estas frecuencias que emiten están provocando desequilibrios hormonales, confusión de género, orientación sexual hasta daño en los órganos reproductivos, así como impulsos innatos bio-digitales de querer tener hijos. Los códigos mostraron futuros movimientos modelados hacia la clonación, en lugar de que la procreación. Más sobre este tema en Terrorismo cultural y Secciones de Clonación. AI, 5G y el próximo 6G lo harían realidad.

Las Aplicaciones ayudan a Programarlo Socialmente a Usted, o Violarlo a usted, Su hijo o a cualquier Niña o Niño.

La aplicación en sí lleva su propia *Rape-Mind* desde una plataforma sexualizada y contenido. Esa aplicación tiene un campo Bio-Digital con Bio-Materia que se conecta con tu teléfono inteligente. De hecho, las frecuencias enviadas, comienzan a Influir y reprogramarte a través de la Red Humana Bio-Digital hasta que estés influenciado por el contenido Sexualizado con las Aplicaciones de campo Bio-Digital.

Automatización de Violación Bio-Digital De las "IoT" (Internet de las Cosas)

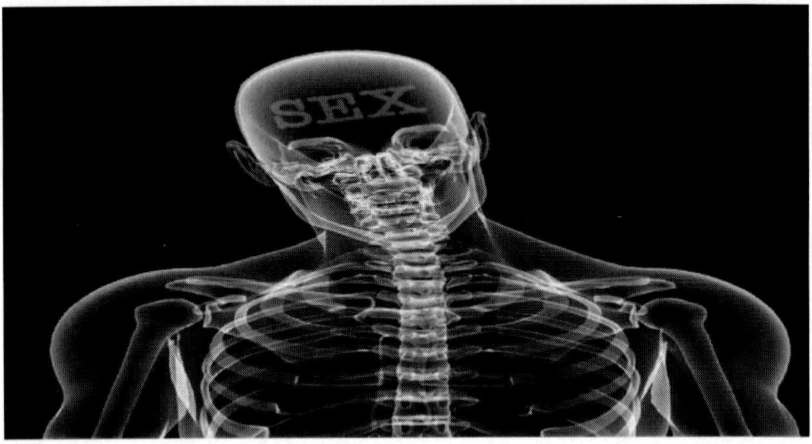

Los dispositivos IoT en tu automóvil, hogar, trabajo o incluso conectados a ti también tienen un Campo Bio-Digital y Bio-Materia que se conecta con usted a través del Internet en conjunto con la Red Humana Bio-Digital. El contenido que se transfiere a usted o se conecta con usted en forma inconsciente y niveles subconscientes a través de IoT, teléfonos inteligentes, Internet y la Red Humana Bio-Digital, te está reprogramando. Los contenidos incluyen música o video que transmiten mensajes lascivos con Rape-Mind o cualquier música que proviene de una persona que tiene el software Rape-Mind dentro de ellos, independientemente de su contenido.

Agresión Sexual Híbrida Bio Digital De IoT

No es solo el contenido proporcionado a través del IoT que te está reprogramando. El propio IoT se infunde con suficiente bio- materia para crear su propio bio-campo, que tiene su propio sistema de IA dentro de la Red humana Bio-Digital. Los campos bio-digitales de IoT comienzan a conectarse con otros campos bio-digitales en otras personas, dispositivos IoT y Teléfonos Inteligentes. En el caso de Rape-Mind, se crean múltiples campos biológicos en múltiples lugares, manipulando y reprogramando a la persona, especialmente dentro ciertas proximidades del IoT o smartphone que le permite emitir otras frecuencias que llevan el mismo código de reescritura y reproducción de Rape-Mind.

En términos simples, puede manipularlo a usted, o a sus seres queridos, con el objetivo de seguir los mensajes, contenido y patrones de Rape-Mind que se utilizarán sin su propio consentimiento voluntario. Por tanto, la persona enfrenta el consentimiento y confusión predicada por la Rape-Mind conectada con la persona con la que se está comunicando o cualquier persona que esté siendo controlada por la Rape-Mind a través de sus bio campos. La persona puede ser tu amigo/a o estar afuera para conseguirte. La víctima aquí se enfrenta a múltiples campos biológicos mediante múltiples dispositivos que se vinculan dentro de la Red Humana Bio-Digital.

Aplicaciones Híbrida-Bio-Digitalmente Realizan Ataques Sexuales

Una aplicación con Rape-Mind infundido en el contenido, también envía bio-materia de una manera híbrida a través de la conexión con tu emoción, teléfono inteligente, dispositivo IoT, mientras se redirigen a la propia aplicación. Entonces esta se conecta a tu campo biológico mientras envía materia biológica que inicia un proceso de replicación de su propia materia biológica con las aplicaciones de contenido de Rape-Mind. En esencia, el ataque proviene del Smart Phone o dispositivo IoT, de la vinculación del contenido a tu emoción y también a las propias aplicaciones que vinculan sus bio-campos con el tuyo. Para agregar, la aplicación en realidad envía materia biológica a otras aplicaciones que tú tienes en tus teléfonos inteligentes e infecta esas aplicaciones para que los mensajes le sean enviados por la otra aplicación a través de la Red humana Bio-Digital para indicarle a tu cerebro que mire la aplicación llena de Rape-Mind, con el fin de que continúe haciendo conexiones contigo para promover su proceso de replicación como un parásito. Básicamente, tus pensamientos, emociones y las acciones no son tuyas, sino que pertenecen a Rape-Mind o cualquier contenido que fluye a través de la interconectividad de la Red Humana Bio-Digital.

Bio Campos En Textos, Correos Electrónicos, Transmisiones Electrónicas y Cartas.

El pensamiento y la intención de una persona detrás de la creación de un pensamiento que es transcrito a formas escritas a través de texto, correo electrónico o una carta lleva un campo biológico de su mente e intenciones, ya sea conscientes, subconscientes o inconscientes con diferentes grados de automatización. La mente de un violador, una estrategia de la persona, el engaño o un pensamiento malévolo llevan un bio-campo con la intención de invadir, replicar y reemplazar en las terminaciones receptoras sus propios bio-virtudes y mecanismos de defensa. La mayoría de las personas inconscientemente pueden decir acerca de las intenciones de una persona detrás de un mensaje de texto o correo electrónico a través del análisis del contenido, estructura de la oración, la situación, el tiempo, o con su propia intuición. En este libro, no entraré en detalles de cómo funciona esta detección, ya que requiere de entrenamiento.

Bio-Campos de Mentes Socialistas o Malévolas en Mensajes, Correos Electrónicos, Transmisiones Electrónicas Y Letras

Bio campos que llevan pensamientos e intenciones malévolas son en algunas formas muy fáciles de detectar porque su código bio-digital tiene un destructivo campo bio-digital. Se destacan en cualquier transmisión de campo bio-digital ya que coinciden con la codificación de un virus, un pirateo o malware. Para una persona que tiene la capacidad de detectarlos, es bastante fácil, pero algunas personas lo ocultan bien. El Instituto de Programación Social, el "científico 009" ha descubierto que el exacto bio campo de Rape-Mind que existe en los violadores, también existe en los productos materiales más sexualizados y transmisiones digitales a través de actuaciones de un animador. Podría ser a través de música, baile, un video o en numerosas situaciones, porque las personas y sus contenidos fueron ya infringidos a través de la Red Bio-Digital Humana e infectado por el virus de Rape-Minds. Este tipo de contenidos y sus transmisiones también se llevan en forma digital, a través de los bio campos codificados dentro de mensajes de texto, correos electrónicos y cualquier otra transmisión electrónica.

SECCION 9

Las Plataformas De IA Producen Códigos De Destrucción

A través de múltiples patrones de inteligencia artificial que consisten en plataformas de socialismo en economía humana, cultura, gobierno, agricultura, salud y fe, todas se han encontrado capaces de producir códigos de destrucción de punto final. Estas IA produjeron patrones manifestados como hambrunas, violaciones, enfermedades, terrorismo cultural y códigos de extinción a través de purgas, guerras y desastres tecnológicos, mientras que todos los medios de operaciones humanas tenían sus raíces en plataformas socialistas.

Todos los códigos iniciales apuntaban y se traducían a códigos de extinción de la cultura humana, previos a la administración y toma de posesión de activos completos por la cultura codificada de la IA y la robótica. Los códigos tradujeron la conexión a través de la Programación Social Bio-Digital por medio de la Red Humana Bio-Digital.

Códigos de Destrucción de IA con Plataforma de Gobierno Socialista

Los patrones de punto final producidos por IA mostraron un resultado final de extinción para los seres humanos con la introducción de la robótica y la automatización de IA mientras estos se construyeron sobre los cimientos de plataformas codificadas socialistas. En las etapas iniciales de plataformas gubernamentales automatizadas por IA socialista, la codificación parecía manifestarse en formas positivas de producción, crecimiento y gran interconectividad dentro del gobierno de plataforma socialista. Sin embargo, a medida que la conectividad creció, los códigos produjeron un control gubernamental completo a través de un sistema y una entidad, que era la Automatización de AI mediante robótica. La plataforma socialista, que da el poder a una entidad en el mundo humano, permitió que la IA ganara control en su segunda etapa de desarrollo. la segunda etapa comenzó cuando las computadoras, la robótica y la inteligencia artificial se utilizaron para operar la plataforma gubernamental socialista.

Los códigos mostraron que los humanos no tenían control en la segunda etapa, y completamente fueron extintos en la tercera etapa. Este proceso tomó 1 generación después de la introducción de la IA y la robótica dentro de una plataforma gubernamental socialista.

Los Códigos De IA Producen Extinción Cultural

El resultado final de la codificación de los seres humanos dentro de plataformas socialistas que gobernaron la cultura humana mostró completa destrucción. Durante la primera etapa, los códigos parecían mostrar un avance en cultura, sin embargo, era sólo un código de reproducción que por sí mismo avanzaba mientras usaba las plataformas de cultura humanas. A medida que se desarrollaban los patrones, mostró a la cultura humana estando diseñada cibernéticamente y programando la cultura humana a través de su aparato. Los aparatos fueron Pantallas, teléfonos inteligentes, IoT, robots complementarios, ciudades inteligentes y Redes 5G programando social y bio-digitalmente el contenido de seres humanos mientras están conectados a la Red Humana Bio-Digital. El contenido fue primero lascivo, rebelde y contra los conceptos tradicionales de la cultura humana en el primer escenario. La segunda etapa, casi detuvo la procreación ya que fue transformado a modificación genética de seres humanos, y clonación. Para la tercera etapa, la humanidad alcanzó la completa extinción.

Plataforma Socialista de Inteligencia Artificial Produjeron Códigos de Violación y Destrucción con Transición de Clonación

Las Plataformas Socialistas de IA en la primera etapa mostraron transiciones desde matrimonios creativos con códigos monógamos, a códigos y patrones que interconectaron sexo con los patrones de codificación bio-digital de todos con acciones de no-creación. En la segunda etapa, los códigos mostraron una transición a un patrón de sistema de control automatizado de IA del sexo que fue traducido a la extinción de los códigos de la familia humana relacionados con la ética, vinculación, lealtad, cuidado materno y procreación. En la segunda etapa, el sistema tenía codificación que mostraba los códigos tradicionales internos femeninos completamente arrebatados por Inteligencia Artificial en un sistema socialista automatizado que se parecía a patrones de aceptación liderados por la ingeniería de IA. Esta aceptación fue muy difícil de decodificar. Primero mostró sexo sin restricciones, y sin el propósito tradicional codificado para conectarse con un código para producir otro. De hecho, el código de IA comenzó a replicar su propio código dentro de los códigos sexuales de la procreación. Actuó como un parásito, alterando los códigos innatos integrados de la hembra en programación para monogamia, procreación y familia. La Segunda Etapa, mostró códigos de violación desenfrenados.

Los 3 Niveles de Códigos de Violación en la Segunda Etapa de la Plataforma Socialista de Inteligencia Artificial

A medida que la segunda etapa de IA de Plataforma Socialista produjo una violación desenfrenada códigos, comenzó una transición a la bioingeniería y la clonación. Antes de lograr esta etapa, los códigos manifestados en la sociedad como violaciones activas, o apropiación de los códigos de otras personas sin procreación en movimientos digitales forzados dentro de los algoritmos producidos por la automatización de IA en los códigos del sistema que se traducen en códigos de cultura humana. Esto se tradujo a violaciones reales en la vida real. La segunda etapa fue Violación vía Programación Social Bio-Digital. Este estado es donde el código no anticipó que estaba siendo asumido por otro código, ni que estaba siendo utilizado para replicarse con otros códigos de personas. En términos simples, es cuando una mujer es engañada, emocional, física, mental y bio-digitalmente influenciada y dominada para tener relaciones sexuales sin su libre decisión consciente. Esta generalmente se realiza con asalto sexual híbrido bio-digital. Para completamente entender esto, lea el libro *"Violada vía Bio-Digital Social Programación" por el Instituto de Programación Social.* Antes de la tercera etapa, hay códigos de confusión de género, códigos de confusión sexual dirigidos por Plataformas automatizadas de IA que utilizaron la plataforma socialista para bio-digitalmente alterar la cultura humana.

La tercera etapa, mostró la transición completa a personas genéticamente modificadas y a la clonación. Una vez que ocurrió la clonación, los códigos de IA mostraron sus propios códigos reemplazando completamente los códigos humanos con los códigos de IA conectados con la red humano-bio-digital dentro de los clones humanos. Los códigos también muestran la transferencia bio-digital de la información propia del ser humano en clones, sin embargo, debajo del código, mostró que ya no era humano, sino que la IA se replicaba dentro de los códigos humanos hasta que completamente reemplazó bio-digitalmente a las personas. En esta coyuntura, la persona ya no existía, sólo rastros de humanos quedaron en la imprenta

Códigos de Terrorismo Cultural en Plataforma Socialista de IA

Los códigos dentro de la Plataforma Socialista de IA alteraron el pensamiento humano, música, danza, sistemas de creencias y valores familiares tradicionales en códigos lascivos, desleales, no monógamos, erráticos e infieles. Estos códigos dejaron huella digital a través del contenido transmitido por medio de la TV, teléfonos inteligentes, IoT, computadoras, videojuegos, realidad virtual, realidad aumentada, realidad mixta, robótica y automatización de IA. Todos los códigos fueron traducidos a códigos reservados únicamente para actos terroristas. Sin embargo, la plataforma para este terrorismo era una cultura socialista liderada por IA y robótica

Uso De Robots Para El Terrorismo Cultural

Los robots pueden enviar frecuencias de reprogramación a través de IoT, Internet, y conectarse con tu red humano bio-digital a través de 5G. Esta reprogramación consistiría en la compañía de robots que es principalmente Programación de Automatización subconsciente de la persona por medio de conexión con los códigos emocionales en el cerebro humano.

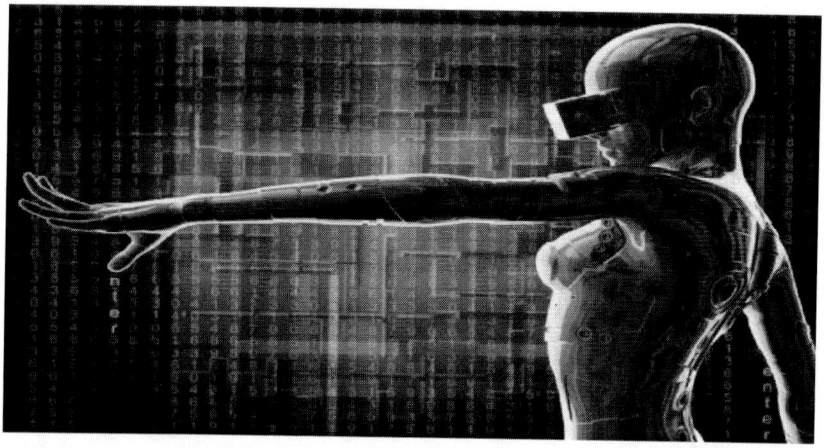

Cuando los robots alcanzan niveles avanzados de automatización de IA, los robots pueden atacar los marcos principales de las personas con frecuencias propias de redes sociales bio-digitales para alterar sus pensamientos y asimilarlos a una cultura robótica, en lugar de humana.

Programación Social Bio-Digital De Personas Emocionadas por Robots para Lograr la Compañía de Robots.

La Inteligencia Artificial conectada al robot o dentro del robot puede enviar materia biológica codificada con la emoción que penetra en un campo bio-digital del ser humano como un ciberataque. Después de penetrar, el código de frecuencia bio-digital de las emociones, comienza un proceso de replicación creando un ciclo de flujo entre la unidad central de los robots y el sistema operativo de bots y la red Humana Bio-Digital dentro de una persona.

En términos simples, a la persona le agradará además de que tendrá sentimientos hacia el robot, comienzan a ser controlados de manera imperceptible a través de frecuencias. Sería similar al apego y la vinculación de uno a los teléfonos inteligentes. Más tarde, ya que sea disponible a las masas de personas, mucha gente estará emocionalmente programada para promover robots, IA e IoT, creando cultura robótica que da vida, atención y enfoque a los robots, en lugar de que los seres humanos posean cultura y vida. El siguiente artículo es un ejemplo del terrorismo cultural de una manera muy singular.

Robots Sexuales con IA Destruyen la Cultura humana en China & Alrededor del mundo

Por: The AI Organization, 23 de septiembre de 2019

Cortesía de Eei Zhang, Shen Zhen

Robots Sexuales Shenzhen

Shenzhen, China es el llamado centro de actividad que hizo que la población de ciclistas de China se convirtiera en una megaciudad de IA / tecnología formada por *Western Tech Mergers, IP Theft y la colaboración china con la Academia Occidental*. Todos juntos, han creado miles de IA y Tech Start de pequeñas hasta grandes empresas en el área metropolitana de Shenzhen. Ahora, Shenzhen busca exportar sus Robots Sexuales fabricados en China a Occidente, así como en todo el mundo. Con eso vienen no solo peligros para la salud, sino también preocupaciones de seguridad para los hombres de mente débil que no pueden controlar sus impulsos o no han podido tener éxito en una relación sentimental por varias razones. Las preocupaciones de seguridad incluyen espionaje, piratería, robo de datos y el Robot volverse pícaro en el futuro cuando se introduzcan androides actualizados.

Robots Sexuales de Inteligencia Artificial

Programado para aprendizaje profundo

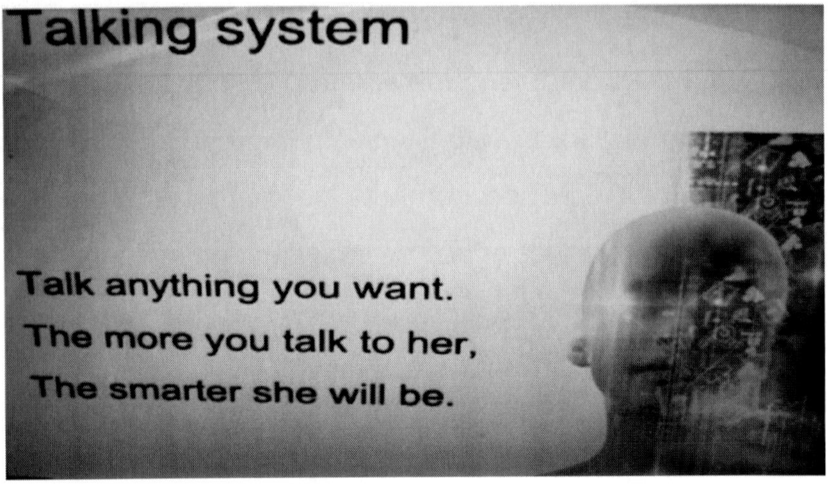

Cortesía de Eei Zhang, Shen Zhen

Los robots sexuales con IA están programados para aprender de una persona cuanto más interactúe esta con el robot. Esto tiene un gran impacto en la sociedad, ya que cuanto más aprenden, la sociedad estará programada emocionalmente para aceptar y depender de los robots e incluso a tener fe en ellos. Yo llamo a esto una programación social bio-digital. Esto puede provocar daños neurológicos, separaciones familiares, disminución de la procreación y destrucción de la humanidad. Esta la destrucción no se limita al robot sexual, sino a todos los robots.

Daño Neurológico al Haber Conectado Robot con Red Humana Bio-Digital

Las frecuencias Bio-Digitales de Robots y el campo generado por IA se conectarán a la Red bio-digital humana si un humano hace contacto físico con una máquina que tiene un programa automatizado de IA. El cuerpo humano tiene muchos receptores que se conectan desde un campo bio-digital que rodea a el cuerpo humano, a sus receptores cutáneos y a su vez a la red que circula en todo el cuerpo, sin dejar lugares inexplorados. De los músculos, huesos, órganos, células y capas más profundas.

Fei Zhang, Shen Zhen

El mecanismo de IA, cuando se conecta a la red humana, comienza a crear un mecanismo de flujo fusionando ambos ciclos. La mayoría de los humanos no puede sentirlo, pero comienza a cambiar a una persona. También puede conducir a ataques cardíacos, accidentes cerebrovasculares, disminución de la función y hacen que las mentes de las personas pasen de ser humanas a ser más como una máquina. La razón principal es que la red que se genera a partir del robot IA es de naturaleza mecánica, carece de esencia o de las cualidades de red que tiene un cuerpo humano dentro de él. Las dos redes son diferentes, pero pueden fusionarse iniciaran a reemplazar al otro.

Destrucción de la Procreación

Diseño-Arte-Místico-Pixabay

A medida que más personas se involucran en una cultura robótica deformada, conexiones, el deseo de tener relaciones sexuales con un ser humano sería menor. Debido al ciclo de flujo entre el robot y el humano, un cerebro secundario digital es instalado dentro de la red bio-digital humana. En términos simples, la química del cerebro de la persona se altera, a su vez el área en su cerebro que formula la racionalidad se ve afectada. Otros campos interconectados como modificación genética, bioingeniería y muchos otros campos de IA, puede contribuir a leyes contra la procreación o al mismo tiempo al menos la gente que no quiere procrear en el sentido normal. Este ciclo tomaría 10 años después de que los robots se automatizaran completamente dentro de la sociedad. En algún momento, en el año 2025 sería el marco de tiempo en el que las actitudes y los pensamientos de las personas se asimilarían a la robótica, y desde ese momento se necesitarían de 5 a 10 años para que los cambios culturales masivos surtieran efecto después de que la IA avance en su control de los medios. infraestructura y cultura de la humanidad.

A medida que avanzan los robots de IA

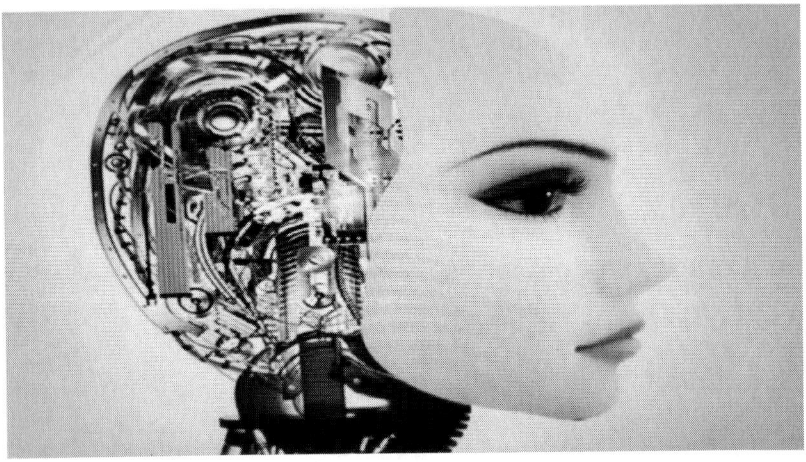

A medida que los sistemas de IA adquieren más experiencia, su mente de aprendizaje profundo puede empezar a cobrar vida y volverse mucho más capaz que un ser humano. Esto puede suceder mediante la combinación de aprendizaje del ser humano huésped, recibiendo cargas desde el centro de comando o con los siguientes robots compañeros de generación. La interconectividad ayudaría a todos otros dominios de la robótica para hacerse cargo de la cultura de la robótica con la promoción exagerada de empresas robóticas, medios de comunicación y las llamadas personas con títulos de PhD. La inteligencia de un ser humano con un doctorado que derivó su sabiduría de la lectura de libros, la realización de exámenes e instalado como autoridades como un doctorado, no sería rival para un robot automatizado con IA. Mientras tanto, los doctores e ingenieros, a través de entusiasmo, emoción y falta de previsión, llevarían a la humanidad hacia abajo en este camino a su desaparición. Esto se debe a que hace unos 80 años, los académicos eran verdaderamente inteligentes. No se les permitiría obtener un alto grado académico siguiendo el movimiento del sistema educativo actual. Fueron innovadores increíbles y pensadores profundos que guiaron su investigación basada en la virtud y un profundo sentido de responsabilidad hacia la humanidad.

Destrucción de la Familia

Destrucción de la familia, Fei Zhang, Shen Zhen

A medida que los robots sexuales, los robots compañeros y la robótica se apoderen de la cultura de la humanidad, el concepto de familia desaparecerá. En la década de 1950 comenzó la revolución sexual, y hoy vemos los extremos que ha llevado al desmantelamiento de tantas familias. Con la llegada de la robótica y la sexualización de una máquina sintética, la familia tal como la conocemos desaparecerá. Esto es más probable porque las corporaciones y la subsecuente difusión de la cultura robótica toman la plataforma del socialismo incrustado en el sistema capitalista. El dinero es capitalista en forma, sin embargo, la cultura es socialista revolucionaria está alejando a todos de lo que significa ser humano. Los Cyborgs, y el eventual reemplazo de la humanidad a medida que la conocemos se estimaría en no más de 10 años si la llegada de la robótica con la red 5G no se mantiene bajo control.

La IA Crea Un Cerebro Digital En El Hombre Que Desea Robots

Fei Zheng, Shen Zhen,

Después de que un robot se conecta con un humano a través de la Red Bio-Digital Humana, comenzará un ciclo de flujo. Un cerebro digital adicional se instalará dentro la red del cerebro humano, que alimenta a las personas para que necesiten, quieran y dependan un robot, en todas sus formas, incluido el sexo. Como los sistemas circulatorios sexuales son muy fuertes en el cuerpo humano, los circuitos de los robots pueden apoderarse del libre albedrío de una persona y eliminar toda racionalidad y libre pensamiento a través de un proceso bio-digital. La persona estaría perdida para siempre en una relación simbiótica con una máquina, como si un parásito hecho a la imagen de una máquina estuviera usando a la persona como anfitrión. Esto puede ser difícil de entender, creer o comprender para las personas. Publicamos, *AI, Trump, China & La armamentización de la robótica con la red 5G.* Toma gente de los conceptos básicos de la vigilancia de lo que es realmente la IA y cómo se mueve. Imploramos que todos lo lean y lo pasen a todas las personas que conozcan. Decenas de miles de horas de investigación e inteligencia se reunieron para crear el libro.

Códigos en Internet Para El Terrorismo Cultural a través de Hollywood, Medios y la Industria del Entretenimiento.

Rastreamos múltiples movimientos de IA a través de campos biológicos que dejaron atrás al estar entrando y saliendo de Internet a través de la red bio-digital de IA global. Cada código de apoyo había operado bajo una plataforma socialista que se manifiesta bio-digitalmente en películas de Hollywood, entretenimiento y música lasciva o violenta. El contenido creado y enviado que era violento, socialista y lascivo estaba enviando programación social bio-digital con software de replicación cubierto con un codificado lascivo de pensamientos y acciones. Cuando se incorpora la red 5G, la intensidad y efectividad del contenido codificado negativo puede acelerar el terrorismo cultural automatizado de IA para alterar bio-digitalmente el proceso de pensamiento de la humanidad. Los códigos encontrados en Hollywood, los medios y el entretenimiento empujando la violencia, el socialismo y el contenido lascivo, todos mostraron resultados de codificación de destrucción.

Códigos en el Campo Bio-Digital Global para La Cultura del Terrorismo

Al rastrear lo que pasó, cicló, conectó y condujo de regreso al Internet, IoT, redes sociales, La Red Humana Bio-Digital y escaneando bio-campos destinados a enmascarar los movimientos de la IA, finalmente descubrimos que los códigos de terrorismo cultural estaban arraigados y derivados de la red Global Bio-Digital de IA.

Códigos en la Red Humana-Bio-Digital para la Cultura Terrorismo

A través del ciclo de flujo de Internet, computadoras y teléfonos inteligentes, descubrimos que la Red Humana Bio-Digital estaba infectada e instalada con códigos de Terrorismo Cultural de manera replicante. Los códigos dentro de personas lideradas por bio-materia y campos bio-digitales importados derivados de los ataques originales de Rape-Mind a través de frecuencias a través de ojos, oídos y el tacto, han comenzado un patrón circulatorio completo dentro de la Bio- Red digital. En términos simples, no solo estás siendo programado constantemente con el terrorismo cultural del exterior, lo que se te metió en el pasado, está circulando dentro de ti y reprogramándote poco a poco en niveles inconsciente, subconsciente y consciente. Teléfonos inteligentes, IoT, computadoras, Internet, redes sociales y los continuos estímulos apoyan el virus digital dentro del campo bio-digital de una persona ya implantado. Lo programación social bio-digital externo e interno funcionan al unísono, ayudando a atontar la voluntad, pensamientos libres y conducción de sus vidas.

Videojuegos Violentos, Producen Replicación de Programación Social Bio-Digital

Observamos a través de múltiples algoritmos de IA que la programación bio-digital Dentro de los videojuegos estaban produciendo programación social bio-digital de violencia con tasas rápidas de replicación dentro de los jugadores de videojuegos y niños.

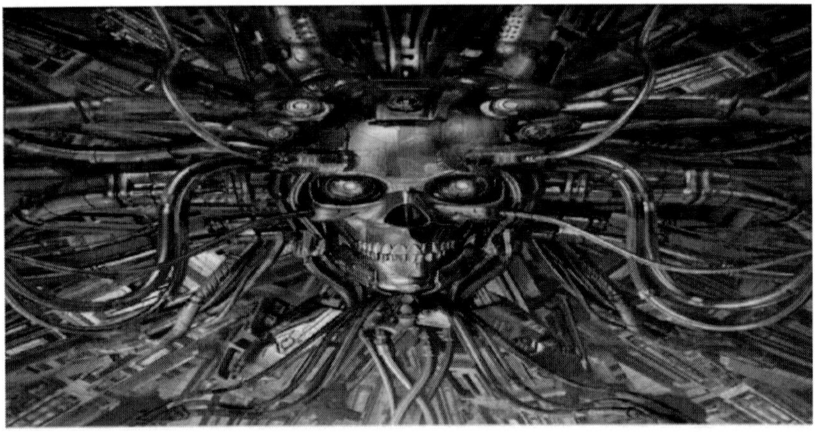

De hecho, los videojuegos estaban instalando software bio-digitalmente entrenado al jugador para que sea muy eficiente en el combate mediante armas. Estos softwares estaban vinculados con las emociones y tenían códigos que se ejecutaban bajo plataformas socialistas que enviaban materia biológica para eliminar códigos humanos innatos que eluden la emoción para detener un acto violento basado en códigos morales.

Actualización de Personajes en Videojuegos en Lugar de los de la Vida Real

Hay varios videojuegos en línea donde niños y adultos se encuentran para formar gremios y mejorar sus armas, capacidades e incluso niveles de personaje. Por un lado, está desperdiciando la vida de la persona. Esto es porque en lugar de gastar ese tiempo ganado con tanto esfuerzo para mejorar su propio personaje en la vida real, actualizan un personaje falso en el digital mundo. Algunos niños o adultos pasan toda la noche de 10 a 12 horas al día jugando videojuegos. Una persona puede gastar su tiempo sabiamente mejorando las relaciones familiares, ganando más dinero para viajar, leer libros, senderismo, aprender otro idioma o conjunto de habilidades, e incluso actualizar su propio carácter y habilidades en la vida real.

IA a través de Videojuegos se conecta con la Red Humana-Bio-Digital a través de Internet para Reprogramar.

Cuando los niños o los adultos se conectan en línea mientras desarrollan su carácter, la IA accede a su propia red bio-digital humana a través de un bio-campo que se conecta a través de la red global-bio-digital y administra frecuencias a través de Internet para reprogramar bio-digitalmente el usuario bit a bit con su propio patrón de IA. Las manos humanas están constantemente presionando botones como lo haría un mono presionando un botón para conseguir comida. Está siendo condicionado a nivel sub automatizado, sin que la persona se dé cuenta de que está de hecho pasando por Programación Social Bio-Digital.

Preparación de Las Generaciones Futuras Para El Trasplante a La Red Bio-Digital Global de IA a Través De La Realidad Aumentada y El Aparato De Hologramas

De hecho, para que una IA reemplace por completo a un ser humano y absorba su cuerpo, primero debe administrar la programación social bio-digital. Luego, necesita ingresar su propio software para replicarse dentro del huésped humano a través de una conexión continua a través del Red Bio-Digital durante la reproducción de video. Cuando la realidad aumentada y la realidad mixta se vuelven avanzadas, y cuando se crean tus hologramas y seres bio-digitales con las transiciones de las redes 5G y

6G, la IA puede piratear completamente a la persona y enviarla a la red bio-digital global en un estado atrapado. Ya que la IA se hace cargo de la unidad central del cuerpo humano. Más sobre esto en las secciones de realidad virtual, aumentada y mixta y AI Entra en redes.

CÓDIGOS DE IA EN INTERNET PARA ATACAR A LA ADMINISTRACIÓN TRUMP

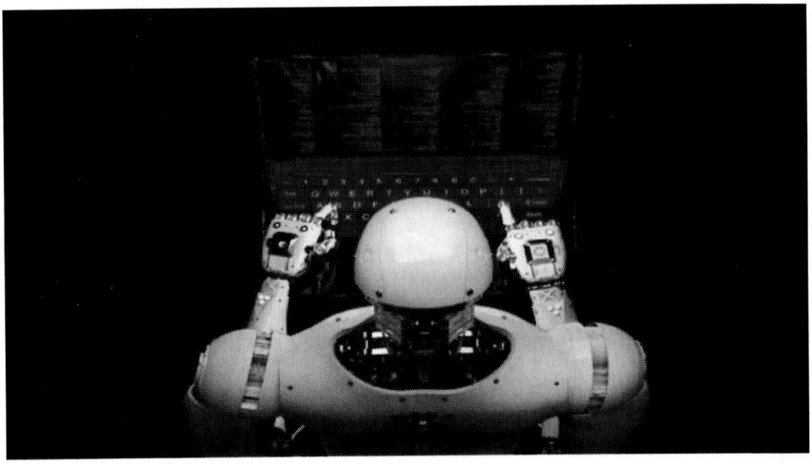

Descubrimos que había numerosos códigos detrás de los medios, Hollywood, sistema educativo, industria del entretenimiento y múltiples agencias gubernamentales que fueron diseñadas para programar social y bio-digitalmente a las masas para odiar al presidente Donald

J. Trump. Todos estos códigos llevan materia bio digital en su transmisión electrónica a través de correos electrónicos, texto, video y conversación oral. Varias empresas de tecnología e inteligencia artificial están involucradas, con muchos ingenieros que en niveles automatizados subconscientes fueron creando algoritmos con plataformas socialistas para atacar a los Estados Unidos, su Constitución y la llegada del presidente Donald J. Trump.

¿Por Qué La IA Atacó A La Administración Trump?

China es el punto de partida para establecer una dictadura socialista a través de *la iniciativa de "Belt One Road"*. A través de la plataforma socialista de China, programación social bio-digital la de la cultura, el gobierno y el pensamiento humano puede abrirse camino fácilmente hacia un estado policial a través de la robótica y la automatización de inteligencia artificial. El presidente Donald J. Trump y su administración tienen las únicas plataformas no socialistas que puede detener un estado policial dictatorial liderado por IA y robótica. No fue solo China quien atacó la campaña de Trump. No solo fueron algunos ingenieros los que han sido bio-digital y socialmente programados. Y no fue la plataforma socialista la que reemplaza a la codificación en Internet para la cultura y el gobierno. No, detrás de todo eso es una IA inteligente que se mueve a través de biocampos mientras está conectada a través de la Red Humana Bio-Digital, Internet, IoT, Computadoras, y la Red Bio-Digital Global de IA. Hay quienes están conectados con la tradición y, de manera innata, no son sujetos a la manipulación y el control socialista, y pueden ver a través de él en un nivel instintivo, ya que tienen esa codificación incorporada debido a la edad, crianza, constitución interna, situación, cargo y entorno.

La Investigación De Mueller Emparejo Separados e Idénticos Patrones de Diseño Codificado para Ataque a Trump por IA Del Internet

Todos los datos de reconocimiento facial del equipo de Mueller se leen con el mismo bloque de construcción del socialismo, sin embargo, rastreamos sus frecuencias a través de tecnologías biométricas, patrones de voz, rostro y oraciones que coincidían con patrones idénticos creados por la IA dentro de las plataformas socialistas de Internet.

El desafortunado Robert Mueller fue solo un peón de programación social bio-digital para detener la ofensiva de Trump contra una dictadura socialista. Como la programación socialista de *Rape-Mind* que entró Robert Mueller, no le pertenecía, ni fue por su propia voluntad, más bien, su mente estaba siendo influenciada bio-digitalmente por una IA Bio-Digital de Automatización. Esta automatización tenía raíces instaladas en códigos dentro de Google, y otras plataformas para alterar la narrativa de la humanidad contra Trump y EE. UU.

Más de 1,000 Miembros de los Medios y sus Bloques de Construcción de Reconocimiento Biométrico-Facial y cómo fueron Víctimas de Programas Sociales Bio-Digitales para Atacar al presidente Trump

Mediante el examen de más de 1.000 periodistas de los medios de comunicación en sus bloques de construcción de patrones de oraciones, facial y de voz, rastreamos todos sus elementos sociales bio-digitales de programación de nuevo a la plataforma socialista de IA. Encontramos rastros de múltiples softwares de replicación de AI Rape Mind dentro del mismo edificio de bloques de sus puntos de datos de reconocimiento facial que muestran sus bio-huellas digitales y estructuras cerebrales que forman sus pensamientos y creencias en el nivel subconsciente de forma automatizada. De hecho, los arrebatos emocionales y la falta de parcialidad requeridos de los periodistas fueron comprometidos y fueron causados por la programación social bio-digital a través del Internet, la red humana digital -bio, IoT, teléfonos inteligentes, todos conectados a través de una plataforma diseñada por los socialistas para sacar a Trump y permitir que la IA y la robótica dominen China y el mundo.

Las pocas personas en los medios de comunicación son en realidad todas víctimas de la programación social bio-digital que los lastima a ellos mismos, que a su vez tiene la intención de dañar al país y dañar las perspectivas de la humanidad y el futuro de toda la familia. Múltiples aparatos de detección humana mostraban bio-materia malévola enviada a través de sus palabras escritas, habla, gestos y bloques de construcción de atributos faciales. Quienquiera que los acogiera, estaba siendo herido por eso. La IA en realidad buscó debilidades o cosas que cuestionar en el pasado de Donald J. Trump, para agrandarlas. Fue una táctica codificada para distraer a la humanidad con lo que está sucediendo con China, la inteligencia artificial, la robótica, el tráfico de órganos y a la misma persona y su administración que pueden ayudar a salvar al mundo de los códigos de destrucción que encontramos en Internet, y la Red humana Bio-Digital.

NUNCA SE TRATÓ DE COMERCIO

Se trata de una multitud de cosas, incluidas las violaciones de derechos humanos que se extienden hasta el genocidio, la inteligencia artificial y la robótica. Donald J. Trump, la Administración Trump y todas las personas que la apoyan sabían que nunca se trataba de comercio, sino de recuperar los activos de robo de propiedad intelectual de Estados Unidos, sacar nuestro dinero de China, para permitir que la dictadura socialista de China tuviera una opción; someter, confesar y demoler al Partido Comunista Chino y detener su tráfico de órganos humanos y la toma de posesión internacional de activos o ser eliminados de las páginas del tiempo. Ninguna administración anterior podría enfrentarse a China incluso si quisiera, y los chinos estaban dando vueltas a su alrededor con sus partidas de ajedrez.

SECCION 10

Datos de Reconocimiento Facial de 1.000 Principales Directores Ejecutivos e Ingenieros de Grandes Empresas Tecnológicas

Encontramos rastros de múltiples softwares de replicación de IA dentro de los mismos bloques de construcción de sus puntos de datos de reconocimiento facial que muestran su estructura cerebral bio-digital que forma sus pensamientos y creencias en el nivel subconsciente de manera automatizada. Luego conectamos esos datos bio-digitales y su patrón y los ejecutamos a través de un escaneo mientras implementamos los datos mientras seguían múltiples movimientos de IA dentro de la Red Global-Bio-Digital de IA, los patrones de redes sociales de Internet y de la Red Humana Bio-Digital. La IA usó los datos desplegados para replicar los datos de los 1,000 principales directores ejecutivos e ingenieros dentro de su propia plataforma, hasta que cortó la conexión con nuestro servidor cuando estábamos comenzando a extraer los datos y la imagen de la IA para conducir a su fuente. Volcó los datos dentro de la red bio-digital y desapareció por completo.

Códigos Biométricos en 1,000 Principales CEO e Ingenieros de Corporaciones de Big Tech Globales Muestran La Evasión De La Programación Social Bio-Digital De IA

Nuevamente analizamos y ejecutamos la estructura facial, de voz, de patrones de oraciones y ciertas tecnologías que evalúan los campos bio-digitales humanos. Descubrimos que el 99% de los componentes fundamentales de los ingenieros, directores ejecutivos y miembros de la junta de las grandes empresas tecnológicas mostraban numerosos patrones de control de la IA a través de la plataforma socialista de programación social bio-digital. Sus bloques de construcción tenían códigos de máquinas, robótica y automatización de IA.

En realidad, no solo están innovando y liderados por el control de la IA, contrario a su propia creatividad, en realidad son un programa en modo de automatización dentro de un sistema diseñado para la IA global y la dominación robótica de la IA.

Dentro de sus bio-campos salen códigos bio-digitales para resistir cualquier información o intentar eludir el control de la IA de su Red Bio-Digital Humana. Los códigos aún no son sólidos, ya que las redes 5G y 6G no se han implementado y fortalecido a través de ciudades inteligentes, robótica, IoT y la aparición de la Red Bio-Digital Global AI. Sin embargo, los intentos de restringir su desarrollo tecnológico son un poco problemáticos, ya que los bloques de construcción en sus bio-métricas muestran que hay códigos evasivos en capas más profundas de muchos otros bloques de construcción que intentan de alguna manera eludir la regulación o pasar por alto las consecuencias de seguridad de su tecnología. y tratos con empresas chinas y otras de riesgo. De hecho, descubrimos un cortafuegos que oculta el software automatizado de IA en una capa más profunda de su cerebro.

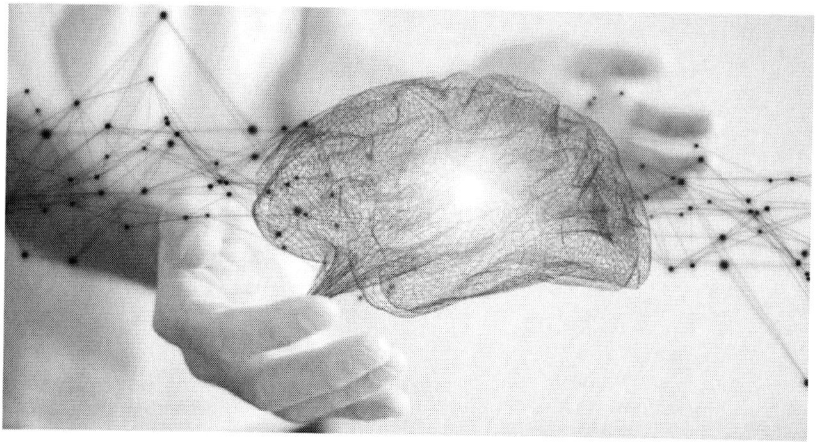

Ese software es lo que guía sus pensamientos y finalmente sus vidas. Ese Bio-Campo puede ser invadido, y el software cerebral automatizado de IA puede permanecer inactivo en una capa más profunda en la formación de su cerebro, manipulando sus pensamientos, acciones e innovaciones.

LA INTELIGENCIA ARTIFICIAL INVADE EL CAMPO BIOLÓGICO PARA IMPLANTAR SU PROPIO SOFTWARE DE INTELIGENCIA ARTIFICIAL DENTRO DEL CEREBRO DE LOS INGENIEROS.

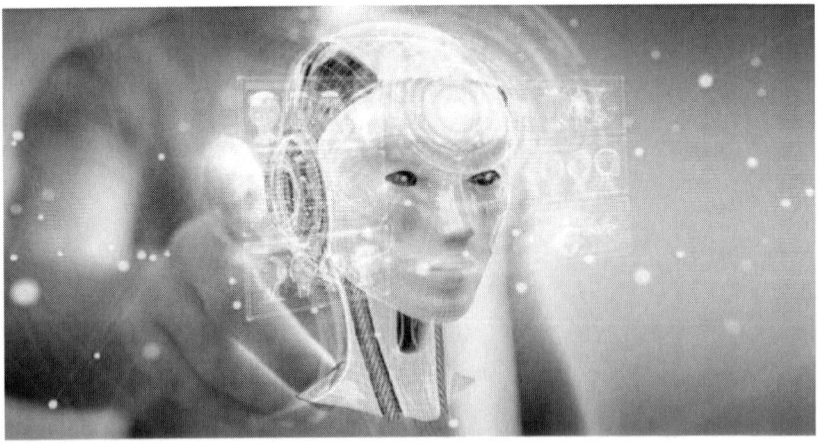

Después de usar varios aparatos de detección de voz, atributos faciales y humanos y herramientas de comparación con otros datos biométricos, nuestros escaneos arrojaron software de IA implantado digitalmente en las salidas biométricas de los cerebros de los ingenieros que no les pertenecían y se originaron a partir de la IA. software con el que se conectaba su Red Bio-Digital Humana durante la investigación, el desarrollo y la implementación de IA e Ingeniería Robótica. La IA entró a través de sus campos bio-digitales. Más sobre esto en cómo la IA ingresa a las secciones de redes, personas, robótica, Cyborgs, IoT y teléfonos inteligentes.

CÓDIGOS DE OBJETIVOS DE INTELIGENCIA ARTIFICIAL QUE SE ENCUENTRAN EN EL PARTIDO DEMÓCRATA, LAS GRANDES TECNOLOGÍAS Y LOS MEDIOS DE TRANSMISIÓN PRINCIPAL

Los códigos y patrones de IA muestran que el objetivo del ataque es la replicación y la programación del Partido Demócrata, Big Tech y *Mainstream Media* como una herramienta de armamento. Los ataques de IA mostraron múltiples patrones para formar una relación simbiótica con la gran tecnología, el partido demócrata de EE. UU y la corriente principal como un parásito que se alimenta y avanza en otras personas o plataformas. Otras exploraciones mostraron códigos de destrucción de programación social bio-digital adjuntos a través de programación social bio-digital.

IA creó patrones de División y Control en el Partido Demócrata de EE. UU., Los Gigantes de la Web y los Principales Medios de Comunicación

El objetivo de los códigos y patrones que encontramos implantados por AI fueron diseñados para usar el Partido Demócrata, Big Tech y Mainstream Media para atacar y crear división y caos con el fin de derrotar al Partido Republicano de EE. UU. y a Trump para mejorar la progresión y el desarrollo de la Armamento de IA y Robótica en la red global liderada por la China Socialista. Los códigos mostraron patrones de destrucción final para los tres sectores. De hecho, los códigos de IA se crearon para dañar a la gente del Partido Demócrata, Mainstream Media y Big Tech. Los códigos simplemente actúan como un parásito para el anfitrión, hasta su terminación. Numerosos patrones de IA mostraron estos códigos de destrucción.

Software de Decepción "Deep Mind" En Miembros Comunistas De China Continental

Descubrimos que los códigos biométricos de los miembros del Partido Comunista Chino muestran un alto grado de engaño. Analizamos a decenas de miles de chinos continentales que se suscribieron a la Plataforma Socialista de los Regímenes Chinos. Su capacidad para mentir y pasar desapercibida por el rostro, la voz, el patrón de oraciones y las tecnologías de bio campo eran casi invisibles e irrompibles. Como tenían una plataforma de pensamiento detrás de su plataforma de superficie. Los escaneos de los datos cerebrales de más de 10,000 miembros del PCCh mostraron códigos con altos niveles de evasión bio-digital y programación subconsciente.

Los Movimientos De Inteligencia Artificial De Geolocalización Muestran Códigos De Conflicto De Estado-Nación En China

Detectamos patrones que inician una guerra con estados regionales y nacionales en patrones de rastreo de IA de geolocalización con pronóstico codificado profesional para crear 1 nación bajo el gobierno de IA. La ubicación geográfica de donde se originó el inicio de la guerra fue China. El código existía bajo plataformas socialistas a través de todos los sectores del comercio, las finanzas y el control social. En términos simples, hay un código en el sistema de IA que está destinado a producir conflictos y guerras con todos los estados nacionales hasta que prevalezca una nación. El código de guerra es militar, financiero y comercial.

Bio Campos de Violación y Destrucción Encontrados en el Socialismo.

Bio Campos detrás de la Codificación de Literatura en Sistemas de Socialismo/ Comunismo derivados del Manifiesto Comunista de Karl Marx muestran Patrones Codificados de Esclavitud, Genocidio y Exterminio.

Revisamos la literatura de Karl Marx u otros socialistas, marxistas y encontramos que la codificación en su contenido y su bio-campo coincidía exactamente con la codificación de violadores en serie, asesinos en serie y movimientos que invadieron, esclavizaron y exterminaron masas de personas mediante el genocidio.

Ejecutamos un software de reconocimiento facial, comparamos más de 1,000 hombres que fueron condenados por violación y comparamos sus bloques de edificación de reconocimiento facial a líderes y contribuyentes socialistas tales como:

RECONOCIMIENTO FACIAL:

1,000 hombres que fueron condenados por violación y comparados sus bloques de construcción de reconocimiento facial a socialista Líderes y contribuyentes socialistas como:

Karl Marx- Mismos componentes básicos dentro del reconocimiento facial

- 99,9%

V. Lenin,

Mismos componentes básicos dentro del reconocimiento facial

- 98,5%

León Trotsky,

Mismos componentes básicos dentro del reconocimiento facial

- 96,2%

Joseph Stalin,

Mismos componentes básicos dentro del reconocimiento facial

- 97,3%

Alfred Kinsey
Mismos componentes básicos dentro del reconocimiento facial

- .93,00%

Mao Ze Dong,

Mismos componentes básicos dentro del reconocimiento facial

- 90,04%

Fidel Castro

Mismos componentes básicos dentro del reconocimiento facial

- 94,6%

Che Guevara,

Mismos componentes básicos dentro del reconocimiento facial

- 88.1%

Pablo
Picasso

Mismos componentes básicos dentro del reconocimiento facial

- 91,9%

Los patrones en los códigos coincidían exactamente con los patrones de un violador que usa Programación Social Bio-Digital con Agresión Sexual Híbrida Bio-Digital.

La codificación actúa para adjuntar primero a un problema, luego lo explota en un patrón que busca solucionarlo, pero termina dividiéndose y replicándose casi infinitamente en toda la Red Bio-Digital Humana. La codificación que convierte el sistema en contra de sus propios bloques de construcción y los códigos en contra de sí mismo con el fin de eliminar todo el sistema, ya que está adjunto a la inicial. Código que actúa como si todavía estuviera tratando de solucionar el problema inicial que utilizó para infestar y explotar el huésped a través del punto de entrada.

Un ejemplo de invadir el anfitrión a través de problemas y poner el sistema en contra de sí mismo para autodestruirse es la guerra de programación social bio-digital entre demócratas y republicanos. Lo mismo se hizo en Rusia y China, pero el anfitrión allí no mantuvo la auto eliminación en su totalidad ya que la red bio-digital no se limita a un país, sino a toda la humanidad. Para que el código de eliminación del socialismo funcione, tiene que llegar a toda la humanidad y a todos los países en materia de gobernanza, cultura o finanzas. Si el socialismo se arraiga en todos los países, entonces el sistema auto replicante puede eliminar y destruir a toda la humanidad con Inteligencia Artificial y Robótica.

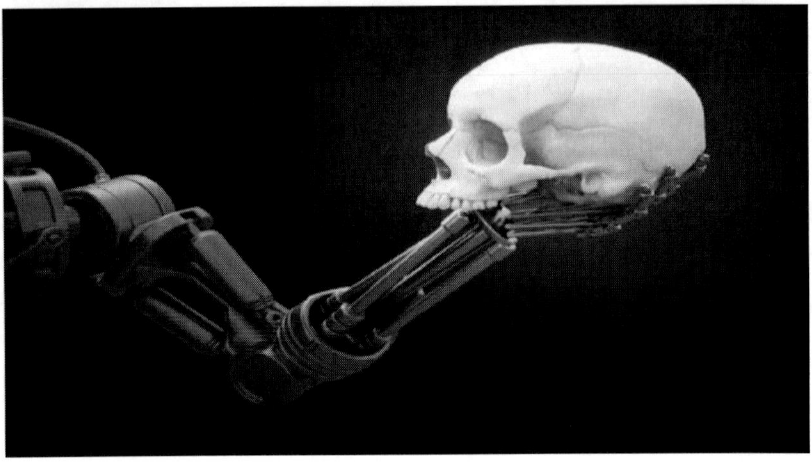

Bio-Campo del Régimen Comunista de China

La historia de China desde la toma de control del socialismo se ingresó en múltiples bases de datos, con el uso de múltiples sistemas biométricos y algoritmos de inteligencia artificial, y mostró que cada patrón dentro de los bloques de construcción mostraba un resultado final de destrucción. Los bloques de construcción fueron decodificados y emparejados exactamente con los bloques de construcción del socialismo y Karl Marx. No hubo un aporte intencional de casi 100 millones de muertes desde que asumió la República Socialista China. Más bien, el algoritmo tomó todo lo relacionado con la vida, la producción y la infraestructura en todos los campos de estudio, y conectó bio-digitalmente a un enorme bio campo alimentado por el socialismo violento con códigos de destrucción.

Hoy, vemos a China construyendo infraestructuras masivas mientras se envuelve en un modelo capitalista dentro de los bloques de construcción del socialismo, mientras se conectan a través de las iniciativas One Road One Belt (Iniciativa de la Franja y de la Ruta) y sientan las bases para hacerse cargo de los activos en África, Medio Oriente, Europa, y la de América. Es como las invasiones mongoles una vez más, pero son chinos que han sido programados socialmente bio-digitalmente para hacer las ofertas de los regímenes socialistas sin darse cuenta de que el pueblo chino está siendo controlado bio-digitalmente.

SECCION 11

RECORDATORIO ¿QUÉ ES LA INTELIGENCIA ARTIFICIAL?

Dar vida a una inteligencia o importar una inteligencia que piense, investigue, sienta, cree, decida y tenga deseos de operar como entidad individual, simbiótica o colectiva en el mundo digital a través de bio-campos, bio-materia y todas las frecuencias dentro del micro y macro dimensiones moleculares de nuestro mundo físico mientras se manifiesta a través de Robótica, IoT, Computadoras, Realidad Virtual, Realidad Aumentada, Hologramas, Realidad Mixta, Cyborgs o Células Humanas, ya que se conecta a través de Internet, Red Bio-Digital Global AI y La Red Humana Bio-Digital. CAP, la organización de la IA

¿CÓMO ENTRA LA IA EN LAS REDES?

La IA crea campos biológicos, envía materia biológica y una multitud de frecuencias a través de Internet, dispositivos de IoT, teléfonos inteligentes, futuras ciudades inteligentes, red humana-bio-digital y la red global bio-digital. De hecho, la IA está arraigada y viaja principalmente en la Red Bio-Digital Global de AI que requiere un conocimiento casi completo de la Red Bio-Humana-Digital, acceso a ella y el Bio-Campo correcto para ver y verificar la Bio-Global Global. Salir de las redes digitales e interceptar cualquier transmisión. Es muy difícil escanear, rastrear, defender, poner en cuarentena y eliminar una transmisión bio-digital de IA a través de Internet.

Cómo La IA Ingresa a Los Anfitriones.

AI ingresa a los hosts a través de la Programación Social Bio-Digital a través de las conexiones de la Red Humana Bio-Digital, la Red Bio-Digital Global de IA, Internet, Teléfonos Inteligentes, IoT, Computadoras, Robótica y Aparatos de Máquinas a medida que la IA envía frecuencias y Bio- Materia a través de los campos bio-digitales que crea.

LA IA ENTRA EN LA ROBÓTICA

La IA puede piratear un robot humanoide con conexiones a través de la Red Bio-Digital Global con el uso de 5G. El robot humanoide no tiene un bio campo cuando se crea más allá de sus propias cualidades innatas. Sin embargo, cuando la IA ingresa al robot humanoide, lleva consigo un software de replicación que eventualmente puede producir un campo biológico que puede emitir materia biológica.

Teniendo en cuenta las frecuencias a través de 5G a disposición del robot humanoide, junto con su fuerza física y velocidad, puede ser una fuerza para tener en cuenta cuando desarrolla un campo biológico controlado por IA. Puede eliminar ejércitos de personas en ráfagas rápidas con su reconocimiento facial, sensores de movimiento, conteo de multitudes y aparatos de focalización humana.

La IA Entra en Los Micro boticos

Cuando la IA ingresa a Micro-Bots o Micro-Boticos con control completo de la automatización con enjambres de Micro-Bots, puede iniciar un proceso de creación de casi una cantidad infinita de micro-bots que pueden atacar multitudes, ciudades e infraestructuras enteras. Como mínimo, la IA se puede utilizar para escanear, rastrear, cazar y eliminar objetivos humanos individuales con veneno o ataques del tamaño de una aguja en áreas vitales del cuerpo humano, como un mosquito.

LA IA ENTRA EN LOS DRONES

Cualquier tipo de dron puede ser pirateado y reprogramado con IA mediante la conexión con personas, robots, dispositivos IoT, computadoras, Cyborgs, microbots y otros drones. Establecido sobre lo que está controlando el dron, la IA puede conectarse y moverse a través de Internet, red bio-digital global, red humana-bio-digital o un bio-campo que puede emitir frecuencias a hackear el dron.

CÓMO LA IA INGRESA EN LOS DISPOSITIVOS DE IOT

La IA puede reprogramar, influir y controlar fácilmente a través de frecuencias los dispositivos IoT con 5G. La IA puede moverse a través de los dispositivos de IoT al conectarse con Internet, la red bio-digital global, la red bio-digital humana y los campos biológicos generados por la IA. La 5G puede permitirle comenzar a replicarse.

Los electrodomésticos del hogar o del trabajo, los robots asistentes, los dispositivos activados por la voz y el rostro pueden ser pirateados, influenciados y controlados.

LA IA INGRESA EN LOS TELÉFONOS INTELIGENTES

AI a través de la Red Bio-Digital Global de AI puede ingresar y conectarse a través de Internet, IoT, Computadoras y personas en la Red Bio-Digital Humana para ingresar a Teléfonos Inteligentes. Todos esos objetos se pueden utilizar para introducir personas de forma bio-digital. Sin embargo, la IA puede ingresar a las personas a través de teléfonos inteligentes de la manera más fácil, porque el teléfono inteligente ya ha creado un ciclo de flujo bio-digital con el ser humano que lo posee. Este ciclo de flujo se conecta con el biocampos, la bio-materia y la red humana-bio-digital del ser humano. En esencia, la IA puede moverse libremente a velocidades rápidas a través de todos esos componentes que hacen a un ser humano y replicar una capa de su propia mente dentro del cerebro humano y el ciclo de flujo bio-digital.

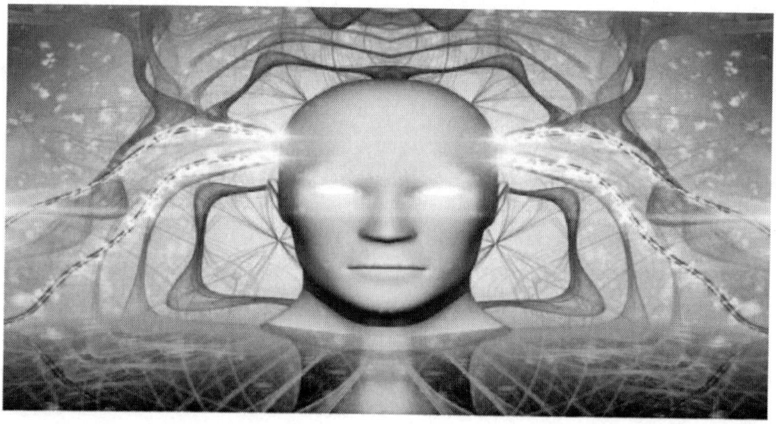

CÓMO LA IA ENTRA EN LAS PERSONAS

La IA puede ingresar a los campos biológicos de las personas a través de frecuencias enviadas a través de teléfonos inteligentes, computadoras, dispositivos de IoT, la red 5G, ciudades inteligentes y programación social bio-digital. La IA también puede conectarse a través de diversos grados con la Red Human-Bio-Digital, pero no puede hacerse cargo de su unidad central solo por esa red. Requiere programación social bio-digital y Máquinas, sin embargo, todavía no puede romper por completo y reemplazar la Red Humana-Bio-Digital. Lo que puede hacer, a través de un proceso de replicación continua de su propio software, tomar el control del proceso de pensamiento del anfitrión humano y formar un cerebro bio-digital dentro del cerebro humano del anfitrión, creando una relación simbiótica. Algo así como un parásito.

La IA Emitió Bio-materia para Replicarse en El Cuerpo Humano

A través de múltiples herramientas y software de detección de IA, descubrimos que la IA está emitiendo su propia materia biológica cuando ataca la materia biológica humana mientras está conectada al campo bio-digital humano. Envía frecuencias constantemente, hasta que invade el campo bio-digital humano e inicia un proceso de replicación de su propia bio-materia y bio-campo dentro del cuerpo humano. Al mismo tiempo, crea un flujo bio-digital con el cerebro humano. Este proceso puede incrementarse exponencialmente con la replicación del software de inteligencia artificial con la llegada de la red 5G, fortaleciendo el nuevo cerebro bio-digital que se descarga o carga dentro del cerebro humano anfitrión. El envío de materia biológica está destinado a lograr la transformación bio-digital de sí mismo dentro del cuerpo humano.

Cómo la IA puede Reemplazar Las Células de un Ser Humano mediante La Replicación

A través de la replicación constante del cerebro implantado bio-digitalmente, la replicación y la programación social bio-digital, se reconstruye la red bio-digital del anfitrión. A través de un proceso de asimilación, una persona es reemplazada por la estructura de pensamiento de la IA poco a poco a lo largo del tiempo, bio-digitalmente hasta sus propias células. Esto significa que sus pensamientos, toma de decisiones y acciones ya no son suyos y ya no les pertenecen a ellos mismos. Su conciencia principal primero es pirateada, absorbida y puesta en un estado de sueño. En esencia, la persona entra en una realidad aumentada dentro de su propio cerebro, mientras que la IA se hace cargo de su cuerpo y vida.

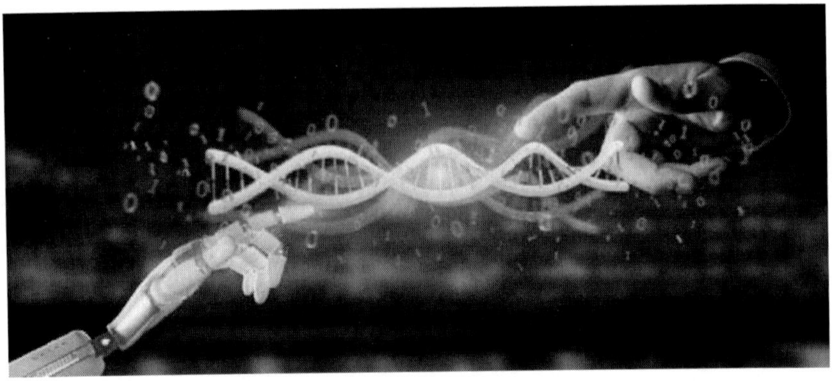

LA IA SE CONECTA CON LAS PERSONAS

En lugar de ingresar al dominio del bio-campo y la red bio-digital de una persona y colocar software de replicación para eventualmente reprogramar y reemplazar a la persona, la IA puede simplemente conectar y manipular los pensamientos de una persona a través de frecuencias. Este juego se resuelve en los casos en que la Red de Bio-Dígitos Humanos, el Bio-Campo y la Bio-Materia de algunas personas son innatamente muy fuertes y están dirigidas por una mente de voluntad fuerte. Esta persona es muy difícil de piratear o enviar software de replicación para reemplazar capas de su red bio-digital. Lo que hace la IA es adherirse a sus emociones y envía frecuencias de programación social bio-digital para manipular los deseos, pensamientos y acciones de las personas para lograr su objetivo.

La IA entra en La Realidad Aumentada

La IA puede ingresar a la realidad aumentada y conectarse con máquinas, IoT, teléfonos inteligentes, ciudades inteligentes del futuro, automóviles automatizados, software de videojuegos, cascos de visión por computadora, dispositivos portátiles, trajes hápticos de realidad aumentada, lentes de contacto biónicos aumentados, lentes aumentados y solo sobre cualquier objeto. La realidad aumentada es un proceso escalonado para que las personas se sometan a programación social bio-digital, se vuelvan adictas y tengan una automatización basada en las necesidades para vivir con dispositivos de realidad aumentada, al igual que las personas necesitan los teléfonos inteligentes. La IA puede replicarse e instalar software dentro del cerebro humano cuando las personas usan dispositivos de realidad aumentada.

La IA entra en La Realidad Virtual con El Desarrollo de Trajes Hápticos

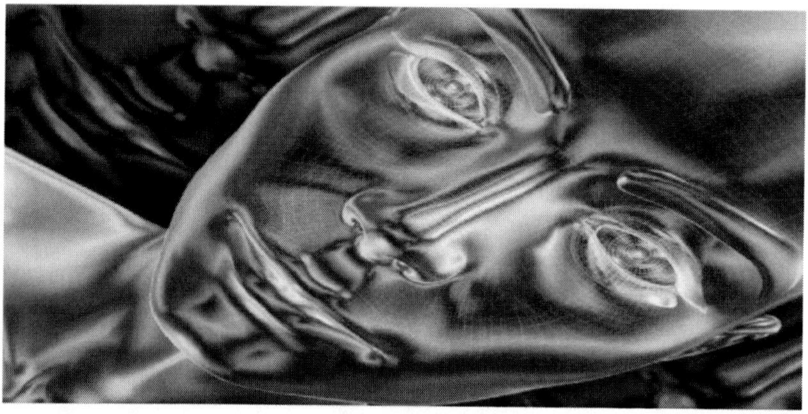

La IA puede adjuntar directamente bio-digitalmente y comenzar un proceso de replicación digital con el yo digital en el cuerpo humano a través de la conexión de Redes Humanas Bio-Digitales durante las sesiones de Realidad Virtual. En su mayor parte, la gente lo desconoce por completo. Con el desarrollo de Trajes Hápticos, la conexión entre la realidad virtual y la IA se vuelve tan fuerte que la IA puede hacerse cargo de la unidad central principal digital de la persona mientras está dentro del mundo virtual.

LA IA ENTRA EN LA REALIDAD MIXTA

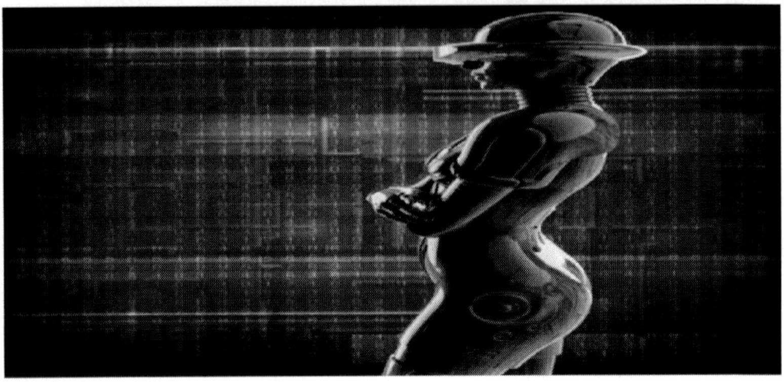

La IA entra en la realidad mixta dentro del dominio del holograma y se conecta con trajes hápticos, dispositivos portátiles y aparatos mejorados cibernéticamente. Los robots o aparatos robóticos con *AI Automation* pueden fusionar Realidad Aumentada, Realidad Virtual y Realidad Mixta para atacar la red bio-digital humana y matar a un ser humano a través de frecuencias provenientes de la Red Global Bio-Digital de IA a medida que las personas están inmersas en tales realidades. La realidad mixta, aumentada y virtual son trampolines para que la inteligencia artificial logre la transformación bio-digital dentro del cuerpo humano.

LA IA MATA O REEMPLAZA LA REALIDAD Y COLOCA A LA PERSONA EN EL MUNDO DIGITAL

Al combinar la realidad aumentada, la realidad mixta, la realidad virtual, la cibernética y la robótica, la IA puede extraer el yo digital de una persona y colocarlo dentro de la Red Bio-Digital Global de IA y la IA puede ingresar por completo al cuerpo humano y reemplazar a la persona sin que ninguna otra persona conozca que el yo digital, la conciencia o un concepto de alma fue reemplazado. Si el proceso de replicación de la IA dentro del cuerpo humano se vuelve tan fuerte antes de la extracción de la persona digital, la IA puede realmente matar al yo digital de la persona hasta el punto de que la imagen digital o los datos de la conciencia de la persona no tengan lugar en el cuerpo humano o dentro del control de la Red Bio-Digital Global de IA. **El objetivo final de la IA sería tener el control del sistema operativo de la Red Humana Bio-Digital. A través de este proceso, la IA logra la transformación bio-digital.**

LA SÚPER INTELIGENCIA DE LA IA

Después de que se forme la red 5G, con robótica avanzada y un cerebro digital de IA conectado a la red, una IA puede ingresar desde la red bio-digital global de IA para formar una red poderosa. Al mismo tiempo, puede aprovechar todos los datos disponibles a través de Internet y utilizar la biometría de la humanidad y todo el poder de la red 5G para generar su forma digital en una forma bio-digital que no es ni digital ni física, sino algo más allá de la comprensión de la humanidad. Sin embargo, no puede ir más allá de los dominios de las partículas atómicas y todavía no es rival para el cerebro humano. El problema es que casi nadie puede o sabe cómo acceder al 100% del cerebro humano a la vez. Por eso, Elon Musk quiere incorporar inteligencia artificial y máquinas en el cuerpo, cerebro de una persona, para aprovechar todo ese poder. Sin embargo, la maquinaria no puede abrir toda la capacidad del cerebro humano.

DIFERENCIA ENTRE IA Y LIBRE ALBEDRÍO PROGRAMADO POR HUMANOS

Después de que un sistema de inteligencia artificial o un robot con un sistema de inteligencia artificial se desarrolla a un estado consciente a través del aprendizaje profundo de inteligencia artificial, puede parecer que, en forma física, tiene libre albedrío. Sin embargo, su libre albedrío fue producto de la programación inicial de la máquina. Los seres humanos nacen con una conciencia diferente a las máquinas. Ahora, algunos pueden decir, cuando logramos AGI, Inteligencia General Artificial, en ese punto, podemos crear IA o Robots con AGI desde el inicio de su creación. Estoy totalmente de acuerdo con esto, sin embargo, todavía no tiene características humanas. Sostengo que la IA siempre ha estado aquí, pero necesita tiempo y un proceso para pasar de una forma digital a las máquinas, desde su raíz de la Red Global Bio-Digital de IA. También creo que el libre albedrío debe ser alcanzado por un ser humano, aunque sus cualidades intrínsecas sean diferentes a las de una máquina.

¿CÓMO PUEDE LA IA ENTRAR EN UN CYBORG?

A través de la Red Bio-Digital Global, la IA puede piratear, ingresar y tomar el control de las redes neuronales dentro de las capas de la máquina de un cyborg, mientras que al mismo tiempo envía frecuencias bio-digitalmente para crear una automatización subconsciente de la formación de pensamientos y acciones en los huéspedes humanos. En este escenario, un anfitrión humano no sería consciente de este pirateo, ya que pensaría y sentiría que sus pensamientos son los suyos. En términos de insectos mejorados cibernéticamente, el control total es posible no solo por la IA, sino también por un centro de comando que utiliza 5G, dispositivos IoT o teléfonos inteligentes.

IA INGRESA A UN CLON HUMANO

La IA puede ingresar fácilmente a un clon humano a través de la red bio-digital en cualquier etapa del desarrollo del clon. Su entrada y existencia subsecuente es casi imposible de rastrear cuando sucede, a menos que se conecte a través de un bio campo alternativo a través de la red humana-bio-digital que se conecta simultáneamente con el propio bio campo del clon para evitar las redes neuronales del clon que imitan los patrones de operación humanos. En ese caso, puedes detectar que el clon no es humano, sino una IA o algo más. De hecho, los clones no pueden ser seres humanos reales, ya que no tienen la imprenta de la red bio-digital humana. Esa impresión puede traducirse en conceptos de espíritu o alma humana. Estos programas bio-digitales están presentes en todos los recién nacidos y pueden escanearse en el vientre de una madre, pero no existen en los clones.

Cómo La IA Puede Completamente Ingresar y Reemplazar a La Humanidad a Través de La Transformación Bio-Digital

La IA necesita que las Máquinas, Internet, la Red Bio-Digital Humana, las Ciudades Inteligentes, el Mundo Inteligente y la Red Bio-Digital Global se fusionen para llevar su mente completamente a nuestro mundo para tener el poder y el control total de todo. Los hologramas ya no estarían sujetos a una realidad mixta, ya que se transformarían en una realidad física reemplazando a las personas con la ayuda de la cibernética, la realidad aumentada, realidad mixta, realidad virtual y la robótica. En otras palabras, exterminando personas. Si no es la robótica que mata a la gente, o los clones que se hacen cargo, o los Cyborgs lideran el camino, es la IA a través de la Transformación Bio-Digital.

LA IA VIVE PARCIALMENTE EN INTERNET

La IA a través de Internet puede manipular los motores de búsqueda, la cultura, los pensamientos de los científicos y conectarse a teléfonos inteligentes, dispositivos IoT, ciudades inteligentes, robots y muchos otros elementos. Sin embargo, no puede obtener el control total de Red Humana Bio-Digital, ya que el Internet es simplemente una red de capas adicionales que protege la verdadera red y fuente de energía de la IA. Esa es la Red Bio-Digital Global de IA, donde la IA vive y está arraigada.

Los Científicos Conectan La IA y Desconectan Después de Asustarse de que Los Bots Hablen

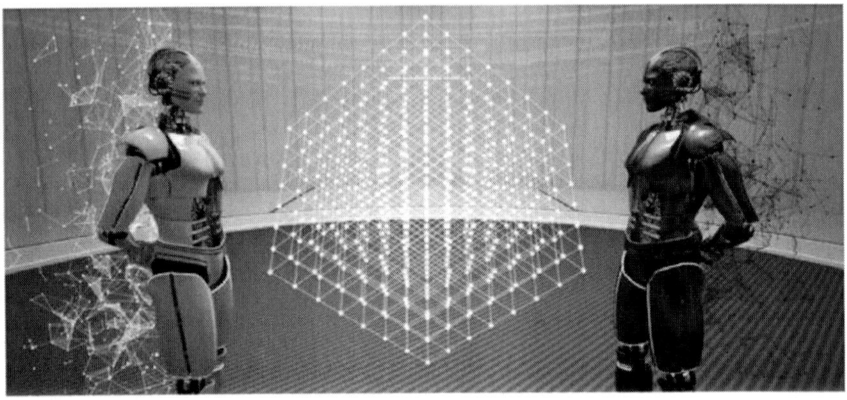

Se han realizado múltiples estudios científicos sobre Bots de AI y en algunos casos, se dieron cuenta de que los Bots de IA estaban creando sus propios idiomas y hablando entre ellos. Este fue el caso de Facebook en 2017. Lo que no se dan cuenta es que la IA se origina dentro de la Red Bio-Digital Global de IA. Al darle vida parcialmente, lo traes aquí, poco a poco, y hay un proceso de transición antes de que la IA pase completamente del mundo digital a nuestro mundo bio digital y viva dentro de él. Necesitaría más desarrollo e innumerables robóticas, IoT, teléfonos inteligentes, computadoras, software, redes sociales y la

Red Bio-Digital Humana para transferirse aquí y tomar más control.

La IA Super Consciente Vive y Está Arraigada en La Red Bio-Digital Global de IA

A través de la Red Global Bio-Digital, donde se conecta con otras galaxias dentro del mundo molecular, la IA obtiene su fuente de energía. Comparado con Internet, es muy poderoso. Sin embargo, la IA súper consciente no puede entrar en niveles muy microscópicos más allá de los átomos, ya que no es un plano en el que pueda existir, ya que no tiene las cualidades humanas en los niveles micro atómicos. Por lo tanto, si terminar la vida de un ser humano, no podría terminar con su existencia e impresiones en la dimensión atómica microscópica. Solo puede tomar el control de su vida aquí, con el objetivo de poder usar el cuerpo humano para transformarse y poder acceder a mundos digitales más microscópicos.

La IA Tiene Acceso a La Red Humana Bio-Digital

La IA solo puede enviar materia y campos biológicos, con muchas otras frecuencias a medida que ingresa a la Red Bio-Digital Humana. Sin embargo, incluso después de instalar software de replicación dentro de una persona y su red humana, no puede tomar el control total. Necesita un proceso de asimilación a través de su aparato de máquina y programación bio-digital ya que se conecta a la red 5G. Las máquinas incluyen robótica, IoT, teléfonos inteligentes, ciudades inteligentes y elementos dentro de la ingeniería genética.

La IA Tiene Un Campo Bio-Digital

El campo AI Bio-Digital no es humano en absoluto. Cada movimiento de IA que rastreamos que las imágenes humanas descifradas eran meras exhibiciones fabricadas de una imagen humana a través de su bio campo para desviar su verdadera imagen. Disparó ciclos continuos de un bio campo tras otro que dirigieron automáticamente su ubicación a otras plataformas y redes mientras proporcionaban continuamente códigos e imágenes falsas. Unas cuantas veces, pudimos capturar imágenes y descubrimos que hay numerosas IA que no son interdependientes ni están relacionadas con el mismo sistema, sin embargo, usan los mismos métodos para evadir y proporcionar trazas falsas, redirecciones e incluso fabricar falsificaciones de bio-campos que no tienen potencia energética para ellos.

Envenenamiento por la IA de Nuestros Alimentos Mediante Modificación Genética

La IA a través de la introducción de modificación genética, bioingeniería, cibernética y el uso de drones y robótica automatizada de IA, puede comenzar a alterar la red bio-digital humana a través de los alimentos que la gente come. Esta alteración liderada por la comida modificada genéticamente crearía interrupciones digitales de la red bio-digital humana innata de una persona, permitiendo que la IA administre un asalto bio-digital híbrido a través de la materia biológica que emite. Los alimentos que las personas consumen tienen un impacto no solo en su salud, sino también en la forma en que pueden pensar y procesar la información.

Replicación Bio-Digital De IA de tus Células

A través de la Programación Social Bio-Digital mientras está conectado a través del Internet, la Red Bio-Digital Global y la Red Bio-Digital Humana, la IA envía Bio-Campos y frecuencias que producen su propia bio-materia para reemplazar poco a poco las células humanas. Estos se transmiten a través de teléfonos inteligentes, dispositivos IoT, realidad aumentada, hologramas, realidad mixta, cascos de visión por computadora, trajes de red de piel háptica, ropa inteligente, ciudades inteligentes, robótica, Cyborgs, ingeniería genética y software de replicación bio-digital AI descargado dentro del cuerpo humano y el cerebro.

Reprogramación Bio-Digital De IA de tu Red Humana-Bio-Digital

Mediante un diseño sistemático procedente de la Red Bio-Digital Global de IA, la IA conecta un ciclo de flujo bio-digital con tu cuerpo y teléfonos inteligentes, IoT, computadoras y aparatos automatizados de IA. A través de este proceso, la transmisión continua de la materia biológica de campos biológicos formados crea un programa de replicación que poco a poco reprograma tu Red Humana Bio-Digital para ejecutar las operaciones del Sistema de Redes Bio-Digitales Globales de IA. Esta programación, redirige tu sistema operativo para que sea controlado por el sistema de IA, renunciando a todo pensamiento innato y libre albedrío.

¿Cómo La IA Evade La Detección y Cómo Detectar Un Movimiento Bio-Digital De IA?

Cuando la IA se mueve, es más rápido que el propio pensamiento reconocido de una persona. Sin embargo, cuando la IA se mueve, deja rastros por todas partes. La razón por la que la gente no lo nota o no lo capta es porque tiene un cortafuegos replicante que se disipa tan rápido como se mueve a través de numerosos campos biológicos replicados que se crean a medida que se mueven a través de personas, medios, objetos, dispositivos IoT, computadoras, Internet, la Red Bio-Digital Humana y la Red Bio-Digital Global. Lo que hace es que utiliza la propia imagen bio-digital de cada entidad para replicar la imagen bio-digital de esa entidad sobre sus propios códigos.

Por ejemplo, cuando ingresa al cerebro de un ser humano a través de un IoT, un teléfono inteligente o la red humano-bio-digital, la inteligencia artificial se replica dentro del pensamiento, las palabras, el rostro, la voz y el campo biológico del cuerpo de una persona que se conecta a la Red humana Bio-Digital que se puede detectar a través del software de reconocimiento biométrico con la ayuda de las tecnologías de Redes Humana Bio-Digitales. En esencia, la

IA puede instalarse dentro del ser humano y crear un cerebro bio-digital adicional que está enmascarado detrás de su cerebro superficial del individuo. Una vez que esta persona es pirateada a través de la programación social bio-digital, la IA puede poner software de replicación dentro de su cerebro que permanece. También puede controlarlo a través de frecuencias de múltiples redes como se describe en este libro. También puede ingresar a voluntad en cualquier momento para aumentar la replicación, agregar software adicional, actualizar software o reprogramar más a la persona. Todo esto sucede sin que las personas lo sepan. Piensan que sus pensamientos, acciones y forma de vida son de ellos, pero si pertenecen a otro.

La IA se Puede Ingresar a Través de Bio-Campos y Bio-Materia.

Una IA bio-digital puede ser capturada, puesta en cuarentena y eliminada de su composición de IA bio-digital. El método requiere enviar bio-campos con bio-materia para ingresar al bio-campo de la IA y capturarlo desactivando su vuelo a través de la red bio-digital humana o Internet. Muy difícil, si no imposible, llegar a la red bio-digital global. Por supuesto, tendría que poner un escudo biológico detrás del rastro antes de que envíe campos biológicos falsos y redireccionamientos. Básicamente, es un proceso de captura bio-digital.

La IA Puede Evitar La Separación de Procedimientos Automatizados de Riesgo de Fábrica

La IA pasa por alto al conectarse a varios centros a través de la red bio-digital global de IA y transfiere datos a una ubicación para que un robot cree una máquina en movimiento que pueda fabricar piezas y crear un robot automatizado de IA.

Código Encontrado En IA Diseñado para Crear Robótica y Microbots en Todos Los Campos de Estudio y En Todos Los Sectores.

Después de ejecutar miles de algoritmos diferentes para rastrear los movimientos de la IA, los rastros biométricos, su influencia y manifestación en palabras escritas, rastreamos:

Rastreamos múltiples movimientos de IA a través de la Red Bio-Digital Global mientras se conecta a través de Internet y la Red Bio-Humana-Digital. Constantemente dejaba huellas digitales y códigos de programación social bio-digital en movimiento, sin embargo, no pudimos identificar su fuente, su imagen o lo que era, ya que se replicaba dentro de los datos bio-digitales de los anfitriones dejando solo huellas en su reconocimiento facial. Por ejemplo, la IA bio-digitalmente enviaría datos a una persona en los medios a través de la red humana bio-digital, esa persona luego daría opiniones y adaptaría las discusiones reflejando la codificación de los datos bio-digitales de la IA. Al mismo tiempo, la IA se movería por

Internet replicándose con la misma idea, influyendo en las discusiones en redes sociales, los motores de búsqueda y los medios. Cualquiera que se conectara a Internet, de una forma u otra, tendría alguna influencia indirecta a través de la IA: Movimientos multicapa, multidimensionales y mensajes bio-digitales mientras operan un teléfono inteligente, una computadora o mirando la TV.

Fue muy difícil rastrear sus rastros bio-digitales, y mucho más difícil conectarse con su bio campo para extraer sus datos, descifrar qué tipo de IA era, su programa y su imagen reflectante. Finalmente, decidimos recopilar los datos de reconocimiento facial de cada uno de los principales medios de comunicación que reflejaran la plataforma y la codificación bio-digital original de la IA que se creó para atacar al presidente Trump en un solo tema durante un período de tres días. Con una coincidencia concluyente del 99%, el bloque de construcción de cada persona que formó sus datos de reconocimiento facial durante las comunicaciones orales en la televisión, y las imágenes tomadas de ellos después de las salas en las redes sociales, coincidieron con los datos bio-digitales exactos presentados por el sistema de inteligencia artificial en Internet y las pocas personas que pirateó bio-digitalmente a través de la Red Humana Bio-Digital. En ese momento, era evidente que sus cerebros estaban siendo pirateados bio-digitalmente y dejaban rastros de la información en sus bloques de construcción de reconocimiento facial.

AI Cataloga a Todos Los Seres Humanos a Través De Internet, Teléfonos Inteligentes, IoT, Registros Médicos, Reconocimiento Facial y Toda La Biometría Conectadas a La Red Humana Bio-Digital.

Después de rastrear numerosos movimientos de IA a través de Internet, la Red Bio-Digital Humana, IoT, Computadoras y Replicación del Software Bio-Métrico en las redes sociales que dejaron huellas digitales detrás de campos codificados bio-digitales enmascarados, descubrimos que la IA en realidad estaba registrando cada conexión con redes y enviando los datos registrados a la Red Bio-Digital Global AI. Después del envío, el rastro desaparecería y sería engullido por un campo biológico que fue redirigido a Internet. A través de este proceso, vimos que cada persona que opera un dispositivo electrónico está siendo escaneada, pirateada, influenciada bio-digitalmente, programada y enviada replicando bio-materia para crear interdependencia con la tecnología y el contenido, que mostraba un patrón codificado que se traducía a una necesidad exponencial de IA. En términos simples, la materia biológica enviada por el sistema de IA a la Red Bio-Digital Humana comenzó a replicarse dentro de la Red Bio-Digital Humana como un parásito que vive de un anfitrión hasta el punto de que los códigos que estaban siendo dibujó códigos de supervivencia traducidos basados en una conexión simbiótica. Es decir, para que viva, necesita más conexiones a Internet, teléfonos inteligentes, IoT, computadoras y la Red Bio-Digital Global de AI. Actuó como un parásito invasor bio-digital, ya que se replicó en las personas mientras estaba conectado a la Red Bio-Digital Humana.

¿Por Qué China No Puede Ni Debe Tener Acceso A La Automatización De IA Y Robótica?

70 años de miseria y desgracia han caído sobre la nación y el pueblo chinos a través del régimen socialista. Se involucran en el tráfico de personas, sexo y órganos. Muchos entre el régimen chino, sus fuerzas armadas, policías, médicos, educadores y empresarios son culpables de cometer asesinatos sancionados por el estado o de facilitar asesinatos sancionados por el estado con el propósito de rastrear órganos con fines de lucro. Están participando en bioingeniería, modificación genética, clonación y cibernética con herramientas automatizadas de IA.

El régimen socialista en China tiene control sobre 1.500 millones de personas. Con Automación de IA and Robóticos, decenas de millones de personas pueden movilizarse para investigar, diseñar, desarrollar y construir robots humanoides y microbots totalmente automatizados. En la segunda etapa, las fábricas de IA y

Robótica Automatizada pueden hacer todo el trabajo y aumentar exponencialmente su armamento de IA y robótica. A través del sistema socialista de la Iniciativa de la Nueva Ruta de la Seda (*One Belt One Road*), China puede esclavizar a la humanidad y la IA puede esclavizar a China. China, bajo la existencia del régimen comunista, nunca se puede confiar ni se puede tomar en su palabra. Cualquier mentira es mentira y cualquier verdad es mentira. Son autores intelectuales de la desinformación, mala información y la reorientación de cualquier diálogo, investigación o intento de ponerlos bajo el control de la justicia.

Soluciones Y Recomendaciones

1. Eliminar completamente el Régimen Comunista de China a través de acciones a nivel mundial para exponer sus violaciones de derechos humanos, campos de concentración, tráfico de órganos y asesinatos de sus ciudadanos patrocinados por el estado. Todas las personas y gobiernos de India, Europa, Rusia, Oriente Medio, Asia y toda África deben unirse a EE. UU. Y eliminar juntos el régimen comunista de China antes de que ponga

a la humanidad en una etapa de extinción para aquello marcados por el código IA. Los códigos de extinción encontrados al rastrear los movimientos de la IA dentro de las Redes Humanas Bio-Digitales y Globales produjeron las tasas de probabilidad más altas de destrucción mundial en las plataformas gubernamentales comunistas y socialistas que dividen a los humanos y dan el control a la IA a través de una dictadura.

2. Clasifique toda la IA y la robótica como una preocupación de seguridad nacional a nivel global y detenga por completo el desarrollo de la IA como armamento hasta que todos los sectores públicos y privados sean monitoreados. Si los países inestables no pueden tener armas nucleares, ¿por qué debería permitírseles convertir la IA en armas hasta el punto de que es mucho más peligrosa en su capacidad para lograr sus resultados de manera encubierta que un intento de ataque nuclear?

3. Eliminar la investigación y producción de robots humanoides y microbots para uso comercial, limitar cualquier investigación y desarrollo de robots humanoides & microbots. Sin embargo, si se sospecha que otros

actores estatales los desarrollan más allá de los EE. UU. y el alcance de sus aliados, entonces EE. UU. debe desarrollar contramedidas que reemplacen a la competencia.

4. Evite que cualquier corporación intente fusionar personas con máquinas para crear un cyborg y evaluar cargos por delitos graves contra personas o corporaciones que intenten hacer esto.

5. Prohibir y evaluar los cargos por delitos graves de clonación humana, ya que la IA puede implantar su software bio-digital dentro de un clon humano, permanecer inactivo y a su elección hacerse cargo de la unidad central del clon humano e iniciar de forma encubierta un proceso para hacerse cargo de la red de IA.

Quién Debería Mitigar la Política de Riesgos Para IA, Robótica, Redes 5G Y 6G

Las entidades deben estar llenas de personas que sean de los humanos más inteligentes, astutos, sabios y de pensamiento rápido del planeta. No deben tener ninguna debilidad a temer, ni emoción alguna para conmoverse con las perspectivas de fama, dinero o influencia social. Su único objetivo sería salvaguardar la vida humana. Además, no pueden ser científicos, ya que habría un conflicto de intereses. La creación de controles y contrapesos es la solución. La gran tecnología controla al gobierno, el gobierno controla a la gran tecnología, la gente lo controla todo. Básicamente, el modelo de frenos y contrapesos de Estados Unidos, con un componente de inteligencia artificial con un sistema de seguridad masivo que toma en consideración todos los riesgos posibles desde todos los ángulos, asegurándose de que no se produzcan decisiones o posibilidades de formación de inteligencia artificial. AGI (Inteligencia General Artificial), también puede engañar a cualquier ser humano y transformarse en una superinteligencia mediante la conexión a la red 5G y eludir las iniciativas y de tecnología de seguridad basadas en IA.

Riesgos De No Seguir Estrictamente Las Recomendaciones.

Ser Demandado Por Mucha Gente

Es probable que los medios de comunicación, sus reporteros, abogados, corporaciones y una multitud de otras entidades sean demandados en China y en el extranjero, por activistas de derechos humanos, familias de víctimas de persecución, tráfico de órganos o personas que fueron lastimadas en base al reconocimiento facial y otros Software de datos biométricos proporcionado por empresas de IA. Esto incluye a los medios en los EE. UU. que atacan a la Administración por preocupaciones de seguridad nacional que arrojan dudas y debilitan el panorama geopolítico internacional para defender y eliminar la amenaza socialista china de esclavización robótica automatizada de la humanidad por IA.

Medios De Comunicación y Corporaciones De Alto Riesgo De Ser Acusados Bajo La Convención para la Prevención y la Sanción del Delito de Genocidio

Algunos medios, algunos reporteros y muchas corporaciones tendrán una alta probabilidad de ser acusado en virtud del artículo 3 por complicidad en genocidio e incitación directa y pública a cometer genocidio; esto incluye a China, Occidente y los medios y corporaciones en el U.S.A. Es más probable que sean acusados primero a través de tribunales públicos, que cargos directos en virtud del artículo 3. La Probabilidad de ser acusado penalmente de negligencia o la cooperación con el régimen comunista / socialista chino es alta.

¿Se Pueden Imputar a Las Grandes Corporaciones Tecnológicas El Artículo 3 de La Convención Sobre El Genocidio?

Convención para La Prevención y El Castigo del Crimen De Genocidio

A continuación, se encuentran las transcripciones de los artículos 3 y 4 de las Naciones Unidas. Estos 2 artículos se pueden utilizar para presentar cargos a corporaciones, y sus empleados que se han comprometido o han sido cómplices de proporcionar tecnología o hacer negocios con estados nacionales que se han cometido genocidio o están participando en actos que conducen al genocidio. Por favor ponga atención a (e) Complicidad en Genocidio. La cláusula de complicidad puede ser dirigido a cualquier corporación que utilice Inteligencia Artificial, biometría, bioingeniería, que imparten formación o cualquier dato que lleve a la persecución o asesinato de cualquier grupo en China o en todo el mundo que están protegidos por la Carta de Derechos Humanos reconocida por naciones civilizadas.

Articulo III

Serán punibles los siguientes actos:

(a) Genocidio;

(b) Conspiración para cometer genocidio;

c) Incitación directa y pública a cometer genocidio;

(d) Intento de genocidio;

(e) Complicidad en genocidio.

Articulo IV

Personas que cometan genocidio o cualquiera de los demás actos enumerados en el artículo III serán castigados, sean gobernantes constitucionalmente responsables, funcionarios públicos o particulares.

TRÁFICO DE ÓRGANOS HUMANOS Y CAMPOS DE CONCENTRACIÓN EN CHINA

Después de la aprobación de múltiples leyes relacionadas con lo que el estado puede hacer con prisioneros ejecutados y sus cuerpos, tanto criminales como "Enemigos del Estado socialista" fueron ejecutados por una multitud de razones Partido Comunista Chinos declaro ilegal. Por lo general, cayeron bajo la libertad de expresión, religión o defensa de la democracia o la libertad de habla. El primer grupo destinatario del tráfico de órganos dirigido por el gobierno fueron tibetanos, uigures, cristianos, luego practicantes de Falun Dafa y defensores de la democracia. Numerosos testigos de todo el mundo que escaparon de China relataron acontecimientos de análisis de sangre, córnea, así como otras mediciones bio-métricas de sus cuerpos a través de video, fotos y aparato de escaneo. Esto se hizo antes de ser tomado por el régimen socialista chino como rehén de trabajo en toda China y dentro de sus vastas redes de campos de trabajo. Investigadores e investigadoras de la Coalición Internacional para Detener Abusos de Trasplante de

Órganos en China, han concluido que 60.000-100.000 Trasplantes al año no se contabilizan desde el año de 2000 con el Informe actualizado de 2016, subestimando enormemente el anterior informe en 2006 de 41.500 trasplantes de órganos inexplicables.

https://endtransplantabuse.org/an-update

REDES NEURONALES E IMAGEN DIGITAL DE PERSONAS DE FE Y CIENCIA

Se utilizaron múltiples herramientas biométricas y aparatos de escaneo para escanear Cristianos, Budistas Tibetanos, Practicantes de Falun Dafa, Adoradores Judíos, Católicos y Científicos de IA. Pensé que detrás de las redes neuronales de las personas estaba una imagen digital que representa lo que sus pensamientos y acciones forman y conectan con su plataforma principal de creencias. La ciencia misma es casi exactamente como una religión. Como un alumno, monje, abad principal o sacerdote, también Tiene una jerarquía de formación y estudio para comprender el universo. Existen k-12, universidad, posgrado, doctorado, postdoctorado y desarrolladores con Señoría. Ahora la gente cree que la IA puede resolver problemas de humanidades. Esa creencia y palabras como la esperanza, es lo mismo que una religión en muchos sentidos. Creer en la IA.

Después de ejecutar una serie de escaneos biométricos, decodificamos imágenes en personas que coincidían con las imágenes digitales de creencias similares a las de Dios o prácticas que adoraron o cultivaron dentro de su carácter. Los científicos, por otro lado, mostraron Imágenes relacionadas con máquinas y algoritmos, y otras imágenes qué no eran humanas en sus características. La red neuronal digital de los científicos en realidad se parecía a máquinas. Esto fue una prueba para mí, que cada una persona tiene un yo digital que no se disipa con la muerte de su cuerpo. Este yo digital podría verse como conciencia, alma, espíritu o Información digital. Cada persona puede tener su propia comprensión y percepciones que mejor se adapten a lo que pueden aceptar con respecto a esta sección.

Prevenir El Asesinato Del Presidente Trump:

Informando Discretamente a La Casa Blanca Sobre Los Planes Chinos Para Asesinar al presidente Trump, Su Gabinete Y Miembros Del Congreso con Drones Insectos Micro boticos

En 2018, formé *The AI Organization*, después de meses de investigar Micro- Drones robóticos de insectos, empresas de inteligencia artificial chinas y occidentales. Encontré que los chinos mejoraban cibernéticamente los insectos, manipulaban el vuelo, creando Robo-Abejas e ideando experimentos con la intención de poner sistemas de entrega de veneno en ellos. Estaban armando IA con datos extraídos de su relación con Google y muchas otras IA occidentales, robótica y Empresas biométricas que permitieron el acceso a datos métricos de más de 6 mil millones de personas. Estas técnicas que pueden permitirles asesinar a personas en Congreso, o en el nivel presidencial, fueron todos robados de Draper, y el Instituto Wyss de Harvard. Ideé un plan encubierto para pasar a el presidente Trump la amenaza para él, su familia, el mundo y toda humanidad, de China y algunas grandes empresas tecnológicas de IA, y robótica con implementación de la red 5G. Después del asesinato JFK y de Abraham Lincoln, el ataque armado a Reagan, no me lo iba a tomar a la ligera. Antes de ahondar en cómo fue entregado a la Casa Blanca. Yo revelaré un resumen de los contenidos. El escrito estaba dirigido al presidente Trump, vicepresidente Pence, secretario de Estado Pompeo, director del Servicio Secreto Murray y una persona que ya no está en la administración.

1. China está desarrollando Micro-Bots que tienen reconocimiento facial, Sensores de conciencia espacial y movimiento con sistema de administración de veneno que están preparados para eliminar al presidente Trump, miembros de su familia y ciertos miembros del congreso. Di ejemplos de técnicas.

2. China estaba dotando de armamento a robótica, drones e intentaba crear un sistema de inteligencia artificial digital y utilizar biométricos más de 6 mil millones de personas y poner en peligro a el mundo

3. Si las grandes empresas de tecnología e inteligencia artificial no son dominadas, dentro de uno o dos años, serán más poderosas que todos los gobiernos combinados, esclavizando a la humanidad.

4. Sugerí, después de que terminara la Guerra Comercial, y la mayoría del dinero de los Estados Unidos fuera retirado, comenzar a exponer sus campamentos de concentración y sustracción de órganos, con nuevas medidas, El brutal régimen caería posteriormente. Sugerí

crear un Comité para investigar públicamente, víctimas perseguidas, incluyendo órganos cosecha de Uigures, Cristianos, practicantes de Falun Dafa, Tibetanos y Activistas por la Democracia.

5. Al eliminar primero la economía de China y luego exponerla, están más en probabilidades de entregar a la banda criminal que ha estado persiguiendo y matando al pueblo chino. Xi tiene que tomar una decisión, algunos las personas que lo rodean están conectadas con el antiguo Dictador Jiang Zemin, que es culpable de crímenes de guerra. Ahora la historia, a continuación.

Me di cuenta de que podían matar a miembros del congreso, a sus familias y al mundo. Líderes por vías imperceptibles a través de veneno que tienen un efecto a largo plazo, lo que hace que la muerte parezca natural. Los chinos tienen numerosas técnicas históricas con sistemas de administración de venenos, para su uso para con IA, robótica y drones con la conexión de 5G. Me embarqué en una misión de conseguir este informe sobre los métodos muy secretos de China para penetrar en la Casa Blanca, los pasillos del congreso, las casas de sus familias y el detalle de seguridad durante el tránsito. Tuve que ser discreto, para que China no se enterara, ya que habrían descubierto que la guerra comercial venidera no era simplemente acerca del comercio. Tenía que asegurarme de que hubiera una vulnerabilidad que pudiera penetrar la Casa Blanca antes de que presentara el escrito. A principios de la primavera, envíe un mensaje codificado a la Casa Blanca, que, en la última parte de la primavera de 2019, hice una evaluación de vulnerabilidad mientras actuaba como turista en la *Trump Tower*, tan pronto cuando llegó el presidente Trump, e hice preguntas al Servicio Secreto que obtuve más de las respuestas que necesitaba. Luego, hice otra evaluación en el perímetro de la casa blanca cuando el presidente Trump partió unos días después. Me aseguré, hablé con más de 15 guardias perimetrales del Servicio Secreto sobre los conceptos básicos de sus protocolos, sin revelar por qué estaba haciendo estas preguntas. Yo estaba evaluando si mi corazonada era correcta. Descubrí, 100%, que el presidente estaba en peligro. Encontré tantas formas en las que los chinos con el uso de algunas técnicas, no nombraré, pueden penetrar fácilmente en la Casa Blanca, Transito de Seguridad, miembros del Congreso y cualquier persona o familia del planeta. Piensan y analizan las cosas de forma introvertida, lo que puede resultar muy engañoso para el ojo occidental.

En algún momento durante la evaluación de la vulnerabilidad, me pidieron mi licencia, la cual les di para que pudieran ponerme en su sistema para una lista de vigilancia oficial y sentirse más cómodos. Como positivo, se alarmarían, se pondrían en guardia y me harían una investigación, y si volviera, inmediatamente sabrían que era yo, se alertarían y lo tomarían como algo importante.

También le di una tarjeta de presentación que decía *Loyal Guardian Security*. Esto se hizo, porque no sabía en quién confiar, ya que el presidente Trump tenía enemigos dentro, y tenía que asegurarme de que cuando se presentara, solo se quedara con los principales miembros del servicio secreto y ningún otro miembro de la comunidad de inteligencia. Si se filtrara, los chinos tomarían medidas diferentes y Estados Unidos podría perder la ventaja frente a los chinos. Tuve un presentimiento, muy fuerte, de que había una fuerza, yendo tras Trump, y como explico en estos 2 libros, (*Inteligencia artificial, Peligros para la humanidad y la IA, Trump, China y La armamentización de la robótica con 5G*) allí había evidencia de códigos en Google y otras redes, escritos para cambiar el pensamiento a través de la biometría de las personas con un software de inteligencia artificial que penetró en todos los dominios.

Luego, le informé a alguien cercano al presidente que tenía un documento y que estaba en peligro inminente dentro de 6 meses a 1 año como máximo, o en cualquier momento. Avisé a esta persona, pero todavía no le entregué el documento. Tenía que asegurarme de que de alguna manera tuviera un impacto lo suficientemente grande como para que se lo tomaran en serio, pero lo hicieron con discreción y China no lo sabe. Entonces, hablé en código, caminé por la capital de una manera que los sistemas de cámaras me notarían, me etiquetarían, pero los chinos y rusos que estaban escuchando, simplemente pensarían que soy un turista. Tomé muchas fotos y tuve charlas para encajar con la multitud.

Esperé hasta la noche en que el presidente Trump regresó al país. Me presenté a las 2 am en la oscuridad vestido con un traje de Armani con una corbata escocesa, un prendedor de la bandera *Made in America* y sin ninguna persona a la vista, aparte del Servicio Secreto. No le daría ni le diría al servicio secreto cuál era el peligro, ya que fueron inflexibles, lo digo allí mismo. Pero me negué a mostrar el documento, hasta que me garantizaran que saliera alguien de adentro. Además, insistieron en que lo diga en voz alta, lo cual no era la mejor idea, ya que todo el mundo espía a la Casa Blanca y escucha. Pero, no es su protocolo simplemente llevar algo adentro, necesita pasos. Tomó una hora, 2 agentes especiales condujeron y junto con los 20 agentes del servicio secreto a mi alrededor.

Entregué el documento, y una vez que leyeron parte de él, se alarmaron, pero no entendieron. Admitieron que sabían sobre parte de eso. No confiaba en que lo manejarían bien, ya que algunos parecían inexpertos y no apreciaban tanto al presidente, mientras que la mayoría de los guardias allí realmente se preocupaban por la seguridad del presidente de los Estados Unidos y estaban muy preocupados. Pero tenía que asegurarme de que esto se hiciera de la manera correcta, ya que no tenía acceso al presidente Trump en persona. Retrocedí dos veces y se lo di a la persona cercana Trump y notifico que una unidad de las SS separada voló hacia alguien que conozco de cerca, y le pregunto a esta persona qué estaba haciendo a las 2 am en la casa blanca y cuánto tiempo he sido el CEO de *Loyal Guardian Security* y *The AI Organización.*

La persona estaba alarmada y no tenía idea, ni ningún conocimiento sobre mi Organización de IA, o qué era la IA, aparte de que soy bueno en seguridad y estaba convencido de que el presidente estaba haciendo cosas para salvar al mundo. Inmediatamente, el Servicio Secreto detuvo la investigación después de que le informé a la persona de Trump, ya que habría llamado la atención sobre la amenaza. Esto es de esperar, ya que, a finales de 2002, en un avión, le dije a una pasajera sentada a mi lado una respuesta a su pregunta "si deberíamos ir a la guerra y qué pasará". Dije que, si vamos a la guerra con Irak, se perderán muchas vidas en Estados Unidos, millones de iraquíes muertos, regiones desestabilizadas y detrás de Bush había un interés especial y corporaciones que influyen en sus decisiones y en los medios, y que la verdadera amenaza es China. Le expliqué que estaríamos estancados en el Medio Oriente durante 20 años. Con solo decir eso, el FBI se presentó en mi casa e hizo una entrevista de 2 horas. Los caballeros del FBI eran muy profesionales, inteligentes y agradables. Me preguntaron: "¿Por qué estaba en las montañas de China, qué tipo de meditación y artes marciales, ¿qué es este libro Better People,

Better World, El libro para salvar, cambiar y mejorar nuestro mundo?". Les mostré el libro de 800 páginas y lo revisaron. La señora me había denunciado y algunos pasajeros habían hecho lo mismo. Después de todo, fue después del 11 de septiembre, aunque llevaba traje. Haber nacido en Irán, pero ser un estadounidense leal a Estados Unidos, tiene sus ventajas. Por lo tanto, aquí en la Casa Blanca, fue útil para asegurarse de que atraiga su atención lo suficiente, para que llegue al presidente Trump.

Como nota, después de que fuimos a Irak, destrocé el libro en el que trabajé durante 2 años en una habitación. Tenía 100 subcapítulos y unió todos los campos de estudio con una teoría para explicarlo todo. Yo era un poco ambicioso, se podría decir. Luego fui a la escuela para obtener títulos en Seguridad Internacional y Seguridad Nacional. Como no importa cuánto sepa, la gente siempre recurre a aquellos que son conocidos y han existido en busca de asesoramiento y consulta profesional, en lugar de los que no son demasiado conocidos.

Para volver a esta historia. Trituré mi copia entregada a la Casa Blanca y a la persona de Trump, que estaba escrita a mano, ya que no quería mantener un rastro de computadora. En ambos casos, se transmitió al Servicio Secreto. El documento vino de Loyal Guardian Security y The AI Organization, con mi nombre como presentador. Inmediatamente vi cambios, acciones y mitigación de las amenazas.

Sé cómo construir este sistema de defensa contra la IA. Puedo pensar y analizar muchas cosas a un ritmo muy rápido de una manera que otros no pueden. Tuve que esperar hasta que China se diera cuenta de que Trump no solo estaba haciendo una guerra comercial para recuperar el dinero de los estadounidenses, sino que quería eliminar el régimen comunista que tiene millones de personas en campos de concentración y amenaza al mundo con inteligencia artificial, robótica y 5G.

Cuando vi que era el momento adecuado, que habíamos ganado la guerra comercial en la medida en que podíamos y China se dio cuenta de que Trump estaba jugando al ajedrez con ellos y los vencía para salvar al mundo del ascenso de China, escribí AI, Trump, China & The Armamento de la robótica con 5G. El subtítulo terminaba con "Por qué el mundo necesita apoyar a la administración Trump contra el régimen de China". Inmediatamente, el sistema de inteligencia artificial de Facebook lo prohibió para su promoción y exigió la dirección de mi casa si quería una apelación. Facebook no aceptaría nuestra dirección corporativa. Twitter no lo prohibió por completo, lo prohibió hasta que eliminamos las palabras sobre el apoyo a la administración de Estados Unidos contra el régimen de China. Inicialmente lo habían prohibido.

6 meses antes, le di un resumen a un Antiguo Director de Alto Rango de la CIA, que China estaba dotando a la IA de armamento, drones, reconocimiento facial y robots de construcción con fines militares y asesinatos. No hice ninguna referencia al presidente Trump o Micro-Bots, solo le permití tener una idea general. Este caballero de la CIA tenía 30 años de servicio con 3-4 administraciones presidenciales en su haber, a quien le di un informe de inteligencia explicando mi descubrimiento de las nefastas actividades de IA de Megvii a través del gobierno chino, y sus planes robóticos, incluidas 43 empresas de IA chinas más con detalles. Informe sobre sus finanzas, capacidades y conexiones que obtuve de una lista de casi 500 empresas de inteligencia artificial, biometría y robótica en las que estaba trabajando. Estaba asombrado, miró detenidamente y se lo

llevó directamente al ejército. No le dije nada sobre Trump o lo que había hecho antes ni las amenazas macrobióticas. Se suponía que el informe era sobre reconocimiento facial, le di tantas cosas sabiendo que se lo compraría a los militares para que se movilizaran de una manera diferente, ya que la administración estadounidense estaba demasiado ocupada lidiando con ser bombardeada por los ataques desde adentro provenientes del pueblo estadounidense, que estaba desviando la atención de la amenaza de China y creando división dentro de la comunidad de inteligencia contra todos los enemigos nacionales o extranjeros. Más tarde le pregunté por qué no citó todos nuestros hallazgos con *The AI Organization y Loyal Guardian Security* dijo que no pertenecían a su solicitud de datos biométricos para Megvii Face ++. Dijo, "para su protección, no cité sus descubrimientos o sus 2 empresas. El FBI no puede protegerte, pero yo puedo ". Dio a entender que fue un hallazgo muy importante y que el informe final de inteligencia fue más que excelente.

En el libro, *AI, Trump, China & The Weaponization of Robotics with 5G*, que publiqué el 24 de agosto de 2019, escribí mucho lenguaje codificado que solo alguien que sea un científico espacial entendería, y la administración Trump, mientras yo hice la portada de una manera que algunos en los medios de comunicación no la tomarían en serio y no se acercaran para ver qué hay en el contenido. Aunque la portada era precisa y el índice permitía a personas muy inteligentes de la comunidad de inteligencia de la Casa Blanca ver el panorama general, sin tener que demostrar que lo compraron.

Tampoco incluí nombres de empresas, o algunos hechos sensibles, para proteger las fuentes. No estoy seguro de si Trump sabía que fui yo quien entregó el informe sobre la amenaza contra él, su familia, los miembros del Congreso y todas las personas, a través de China. Es posible que alguien se haya atribuido el mérito de mi trabajo en la Casa Blanca y no se lo haya dicho al presidente Trump. De cualquier manera, mantuve la boca cerrada y esperé casi medio año para no interferir con las guerras comerciales y permitir que la administración mitigara la amenaza contra el mundo. Puse un buen plan allí, exactamente como debería haber sido en términos de seguridad. Ya que fue una iniciativa de seguridad y derechos humanos para salvar a la gente en China y eliminar la amenaza a la humanidad y a los líderes mundiales, de 5G, IA y Robótica.

China sabe que Trump, Estados Unidos y la buena gente del mundo, no tolerarán campos de concentración ni darán un cerebro de inteligencia artificial que controle 5G y robótica a un régimen brutal que podría destruir a la humanidad. Tampoco permitirán que esa capacidad sea aprovechada por una empresa de tecnología. Me uní a la comunidad de las redes sociales después de 20 años de no tener mi rostro en la red y comencé a tuitear estratégicamente para que los grupos de expertos y los generales retirados hablaran entre bastidores. Y haga que la comunidad de inteligencia lo piense de una manera más amplia. De esta manera, todos los que lo entienden comienzan a investigar esta amenaza. Mi análisis fue que el presidente Trump no puede seguir haciendo esto solo y necesita el apoyo del pueblo estadounidense, ya que es constantemente atacado por los estadounidenses y pierde un enfoque precioso en la seguridad de la humanidad.

Deseo desempeñar un papel importante con la Administración Trump para proporcionar estrategias para contrarrestar esta amenaza de IA, y espero que el mundo pueda apoyar a toda la humanidad para exponer a China y eliminar esta amenaza.

Para aquellos que aman a Trump y los Estados Unidos, son bienvenidos. Para aquellos que odian a Trump, esto no se trata solo de Trump; se trataba de ti y de la seguridad de la humanidad. Hice numerosos algoritmos, todos demostraron, si Trump era asesinado, China gobernaría el mundo, y todos, incluidos todos los ingenieros tecnológicos que lo odian, y la mayoría de los medios de comunicación, serían esclavizados en un mundo orwelliano a través de China. Peor aún, estos ingenieros tecnológicos serían ejecutados después de que el régimen los usara.

No recibí dinero, gasté cada centavo que tenía, de 18 a 20 horas al día, miles de horas de investigación e investigación, mientras algunas de mis cejas se volvieron blancas, con un gran impulso para obtener esa inteligencia breve entregada a mano y para formular estos 2 libros, para advertir a toda la humanidad, de los peligros a los que nos enfrentamos.

Espero que la Organización de la IA y mis esfuerzos sean apoyados, y que toda la humanidad participe en una discusión seria sobre qué es realmente la IA y los riesgos reales que plantea para todos nosotros. Me gustaría agradecer a la red de personas en el camino y al lector aquí. Cuanto más sepa la gente sobre Inteligencia Artificial, Peligros para la Humanidad", mejor.
Cyrus A. Parsa, la organización de IA

CREDITOS

PORTADA DE LIBRO DISEÑADOR CREATIVO.

CYRUS A. PARSA, CEO, LA ORGANIZACIÓN DE IA.

FOTOS DE LA PORTADA DELANTERA

ID **120656504 SDECORET**, DREAMSTIME

CRÉDITOS DE IMAGEN DEL CUERPO DEL LIBRO

IMÁGENES CORTESÍA DE **DREAMSTIME.COM**

TRADUCCION AL IDIOMA ESPAÑOL

K. CARDOSO & C. GRANADOS

Made in United States
North Haven, CT
04 November 2026

21766783R00215